AF558728

Gewidmet meinen Eltern Frieda und Adolf,
in deren Obhut sich meine Liebe zur Natur
frei entfalten konnte.

BAUMGESCHICHTE(N) · BIOLOGIE · MYTHOLOGIE

JÜRGEN
SCHULLER

BAYERLAND

Bibliografische Information der Deutschen Nationalbibliothek

Die Deutsche Nationalbibliothek verzeichnet diese Publikation in der Deutschen Nationalbibliografie; detaillierte bibliografische Daten sind im Internet über http://dnb.dnb.de abrufbar.
ISBN 978-3-89251-541-8

Für uns, die Battenberg Gietl Verlag GmbH mit all ihren Imprint-Verlagen, ist Nachhaltigkeit ein wichtiger Teil unserer Unternehmensphilosophie. Daher achten wir bei allen unseren Produkten auf den Einsatz umweltschonender Ressourcen und Materialien.

Dieses Buch wurde auf FSC®-zertifiziertem Papier gedruckt. FSC (Forest Stewardship Council®) ist eine nicht staatliche, gemeinnützige Organisation, die sich für die verantwortungsvolle und ökologische Nutzung der Wälder unserer Erde einsetzt.

Unsere Partnerdruckerei kann zudem für den gesamten Herstellungsprozess nachfolgende Zertifikate vorweisen:
- Zertifizierung für FOGRA PSO
- Zertifizierungssystem FSC®
- Leitlinien zur klimaneutralen Produktion (Carbon Footprint)
- Zertifizierung EcoVadis (die Methodik besteht aus 21 Kriterien in den Bereichen Umwelt, Einhaltung menschlicher Rechte und Ethik)
- Zertifikat zum Energieverbrauch aus 100 % erneuerbaren Quellen
- Teilnahme am Projekt „Grünes Unternehmen“ zum Schutz von Naturressourcen und der menschlichen Gesundheit

Bildquellen:
Christian Wolf S. 10, 11,12,13, 15 rechts oben, S. 18, 20 links, S. 28 links und rechts unten, S. 34 links unten, S. 38 links oben und rechts, S. 39 unten, S. 41 Mitte und unten rechts
Lea Simone Bogner S. 117
Helmut Wiedemann S. 139 links und rechts
Hans Braxmeier S. 32 unten
https://web.archive.org/web/20161024141442/http://www.panoramio.com/photo/78065641; hochgeladen von Cor2701 S. 61
Die größten, ältesten oder sonst merkwürdigen Bäume Bayerns in Wort und Bild: begr. von Friedrich Stützer, bearb. von Johann Rueß S. 43, S. 69, S.187
Dr. Fritz Kollmann 1908 S. 204

1. Auflage 2023
ISBN 978-3-89251-541-8

www.battenberg-gietl.de
Layout: Regina Schindler

Eiche am Dreiländerstein
48.765911, 11.304025

INHALTSVERZEICHNIS

Eichstätt
Ingolstadt
Neuburg-Schrobenhausen
Pfaffenhofen an der Ilm
Freising
Dachau
Erding
Fürstenfeldbruck
München
Landkreis München
Ebersberg
Landsberg am Lech
Weilheim-Schongau
Miesbach
Bad Tölz-Wolfratshausen
Garmisch-Partenkirchen
Augsburg
Dinkelsbühl
Nördlingen
Donauwörth
Dillingen an der Donau
Günzburg
Mainburg
Kaufbeuren
Kempten (Allgäu)
Immenstadt i.Allgäu
Oberstdorf

ÜBERSICHTSKARTE
OBERBAYERN
Die Zahlen weisen auf die Seiten in diesem Buch hin.
Mühldorf am Inn
Altötting
Traunstein
Berchtesgadener Land
Salzburg
43
135
39
45
47
173
168
171
191
53
187
61
57

ZU BEGINN EIN NACHRUF

Am Anfang eines Buchs über faszinierende Baumpersönlichkeiten Oberbayerns muss für mich eine legendäre Ausnahme-Oberbayerin stehen: die Bavaria-Buche von Pondorf. Dabei lebt dieser berühmte Baum schon seit 10 Jahren nicht mehr. Ich kann mich noch genau erinnern, wie es mir einen Stich ins Herz gab, als ich mit den Arbeiten am Buch begann und die ersten Foto-Touren und Recherchen anstanden: Die Bavaria-Buche – sie hätte eines der Highlights des Buches werden können, aber sie ist nicht mehr da.

Wahrscheinlich hätte ich beim Schreiben über sie sogar einen recht humorvollen und liebevoll spöttischen Ton angeschlagen, vielleicht ein wenig ihre fast schon übertriebene Berühmtheit belächelt.

Ganz sicher aber hätte ich thematisiert, wie viel dieser Baum den Menschen gab und auf wie vielen Abbildungen er den Seelen der Menschen guttat. Die Bavaria-Buche war ein Baum, der die Vorstellung von perfekter Schönheit und scheinbar unbesiegbarer Lebenskraft der Natur vermitteln konnte wie kein anderer in Deutschland.

Ich bin diesem Baum das erste Mal zu Beginn meines Studiums Ende der 80er Jahre begegnet, als ich erstmalig das Buch über alte Bäume, „Unsere Baumveteranen“ von H. Goerss gelesen habe und mich dabei an dieser Buche mit dem etwas konservativ klingenden Namen nicht sattsehen konnte. Die Bavaria-Buche schien eine Institution zu sein. Kurz darauf habe ich die Buche erstmals (und leider auch letztmals) persönlich besucht. Ich erinnere mich, dass ich einige Fotos mit meiner Kompaktkamera machte und die Ausdehnung der riesigen Kuppelkrone kaum fassen konnte.

Einige Jahre später hörte ich wieder von der Buche, – es waren keine guten Nachrichten: 1995 brach unerwartet ein großer Ast aus der Krone – die fast überirdische Symmetrie der Buchenkrone war nicht mehr ganz makellos. Weit schlimmer aber fiel die Diagnose der Baumsachverständigen aus: Die Bavaria-Buche sei schwer krank, der Brandkrustenpilz würde rasch fortschreitend ihrem Holz die Stabilität nehmen. 1999 brach ein weiterer Starkast. Jetzt war schon von Weitem der Schaden zu sehen. Heftig wurde diskutiert, wie es weitergehen sollte. Extrem zurückschneiden, die Äste stützen und verspannen, um so das Leben des Baums, der all seiner Schönheit beraubt sein würde, um einige Jahre zu verlängern, oder der Natur ihren Lauf lassen? Selbst der Bayerische Ministerpräsident schaltete sich ein und sprach sich dafür aus, dieses nationale Monument in Würde sterben zu lassen.

Das Ende kam dann rasch: 2006 spaltete ein Sturm den Baum in zwei Teile. Nur noch ein einziger starker

Kronenast ragte aus der Ruine. Dieser letzte Ast brach 2013. Das war das Ende.

Selbst die Süddeutsche Zeitung berichtete am 3.9.2013 „Die schönste Buche der Welt ist tot".

Längere Zeit ließ man die Teile des Baums als Totholzbiotop liegen. Sämlinge der Bavaria-Buche hatte man wohlweislich seit den 90er Jahren viele gezogen. Die Rede ist von über 1.000. Einer davon steht vor Schloss Bellevue, einer vor der Bayerischen Staatskanzlei und einer nahe dem ehemaligen Standort der Buche.

2020 wurde, wo die Buche einst wuchs, der „Erinnerungsgarten Bavaria-Buche" angelegt. Der sehenswert gestaltete Ort wird von Jahr zu Jahr weiterentwickelt. Bereits zweimal fand die „Buchenweihnacht" dort statt oder das „Sommerkino".

So bleibt die Bavaria-Buche auch nach ihrem Tod eine Ausnahmeberühmtheit. Welcher monumentale Baum vor ihr hat je eine eigene Gedenkstätte erhalten?

Fehlen wird sie mir dennoch immer.

Aber die oberbayerische Baumwelt auf eine einzige, verblichene Buche zu reduzieren, wäre den rund fünf Milliarden lebenden Bäumen Oberbayerns gegenüber höchst unfair. Denn die vielgestaltigen Landschaften Oberbayerns bergen besonders viele faszinierende Baumpersönlichkeiten. Bei meinen zahlreichen Touren während der vergangenen gut 12 Monate hatte ich nicht nur immer wieder unerwartete Zufallsbegegnungen, sondern oft das Gefühl, dass in Oberbayern buchstäblich hinter jeder Flussbiegung und jedem Hügel weitere besondere Bäume warten. Bäume, die entweder besonders schön, sehr alt, selten, berühmt oder sehr dick sind, manchmal sogar alles zusammen. Immer sind es besondere Baumpersönlichkeiten, die mich zum Fotografieren und Schreiben inspirieren.

Von daher kann dieses Buch vielleicht ein Ansporn sein, selbst auf Entdeckungstour in Oberbayern zu gehen. Es lohnt sich!

KLEINE BAUMFÜHRUNG

Beginnen möchte ich mit einer kleinen Baumführung, mit der ich kurz erklären mag, wie man die im Buch gezeigten Bäume erkennt. Weltweit unterscheiden die Biologen rund 26.400 Baumarten, von denen 76 in Deutschland und davon ungefähr 50 in Bayern vorkommen.

A WIE AHÖRNER

Spitzahorn, Feldahorn und Bergahorn – so heißen die drei einheimischen Ahornarten. Von allen segeln im Herbst die geflügelten Samen: die „Nasenzwicker". Und leicht lässt sich das Trio an den Blättern unterscheiden. Runde Lappen und spitze Buchten hat der gewaltige wie anspruchsvolle Bergahorn, der diesen Namen nicht umsonst trägt. Spitze Lappen und runde Buchten hat der etwas unkompliziertere Spitzahorn. Die fünflappigen Blätter des Feldahorns sind dagegen wie der ganze Baum deutlich kleiner. Häufig erreicht dieser Ahorn nur Strauchgröße oder wird als Heckenpflanze klein gehalten.

Spitzahorn

Bergahorn

Feldahorn

Esche

ABER NICHT EBERESCHEN

Eschen und Ebereschen – beider Blätter sind gefiedert, aber doch sind die Blätter der echten Esche genau wie die Bäume selbst viel größer als die Vogelbeeren, wie die Ebereschen noch heißen. Wer nach eingehender Betrachtung der Blätter immer noch unsicher ist: Nur die echte Esche hat tief dunkle, fast schwarze Knospen im Herbst und Winter und trägt wirklich NIE rot-orange Beeren. Übrigens hatten auch die Menschen im Mittelalter schon so ihre Unterscheidungsschwierigkeiten und führten deshalb den Namen Eberesche ein, was so viel heißt wie „Falsche Esche". Dabei hätte man im Zweifelsfall nur messen müssen: Während Ebereschen zu eher kleinen und hausgartenverträglichen Bäumchen heranwachsen, gehören die himmelsstürmenden Eschen zu den höchsten Laubbäumen Deutschlands. Zumindest wenn sie gesund sind; doch die meisten Eschen, denen ich in Oberbayern begegnet bin, sind schwer krank: gezeichnet vom Eschentriebsterben, leider auch die beiden majestätischen Eschen bei Aschau im Landkreis Rosenheim.

Eberesche

KURZLEBIGE KRAFTPAKETE

Als solche könnte man Weiden und ihre nahen Verwandten, die Pappeln, bezeichnen. Keine anderen einheimischen Baumarten bilden in vergleichbar kurzer Zeit so große Bäume, die immer viel älter aussehen, als sie tatsächlich sind.

Eine weitere Eigenart teilen sich die beiden schnellwüchsigen Gattungen: Die einzelnen Arten sind gar nicht so einfach zu unterscheiden.

38 verschiedene Weidenarten wachsen in Deutschland und fast alle davon auch in Bayern. Viele sehen sich zum Verwechseln ähnlich und kreuzen sich zum Teil auch fruchtbar untereinander. Gibt es dann überhaupt Merkmale, welche alle Weiden gemeinsam haben? Durchaus: Bei allen Weiden ist jedes Laubblatt um genau 144 Grad gegenüber dem vorherigen gedreht, so dass jedes fünfte Blatt in die gleiche Richtung wie das erste schaut. Blickt man also von vorne auf den Trieb, so sind die Blätter wie bei einer Wendeltreppe mit ⅔-Drehung angeordnet. Sofern beim Spaziergang das Geodreieck zu Hause geblieben ist, orientiert man sich vielleicht besser an den sehr verschiedenartigen, aber stets auffallenden Kätzchen, an denen im Frühling alle Weiden leicht zu erkennen sind. Und wächst der Baum obendrein in Gewässernähe und hat schmale, lanzettförmige Blätter, ist es keine schlechte Idee, schon mal auf Weide zu tippen. Sollte diese Weide dann derart riesig sein,

Kopfweide

Männliche Blüten der Silberweide

Weibliche Blüten der Silberweide

Riesige Silberweide im Landkreis Freising
48.451338, 11.672998

Samen der Pappeln in der Pappelwolle

dass man kaum glauben kann, dass es sich um eine Weide handelt, dann steht man vermutlich vor unserer größten Weidenart, der Silberweide.

Solange sie sich nicht untereinander kreuzen, sind Zitterpappel, Silberpappel und Schwarzpappel, so heißen unsere drei einheimischen Pappeln, relativ leicht zu unterscheiden. Die gewaltige Graupappel dagegen, eine Naturhybride zwischen Zitterpappel und Silberpappel, macht es einem durch ihre großzügige Durchmischung der Merkmale beider Eltern schon schwerer. Eine eindeutig identifizierte Graupappel hat den Weg ins Buch gefunden. Übrigens bilden die häufig zu sehenden Pyramidenpappeln keine eigene Pappelart, sondern sind Mutationen der Schwarzpappel, welche wahrscheinlich im alten Persien erstmals aufgetreten sind. Vermutlich im 18. Jahrhundert begann man, die schlanken Säulen über Italien nach Deutschland einzuführen. Aber so genau weiß das niemand.

Schwarzpappel

DER LAUBBAUM SCHLECHTHIN

Kein Laubbaum ist in unseren Laubwäldern häufiger als die Rotbuche. Obwohl alte Buchen zu gewaltigen Bäumen heranwachsen können, darf das nicht darüber hinwegtäuschen, dass hohes Alter für Buchen die Ausnahme ist. Meist erreichen sie kaum mehr als 150 Lebensjahre. Bis dahin entwickelt die Rotbuche im Freistand ausladende Kronen. Tiefer Schatten herrscht dann unter ihnen. Verwechseln wird man die Buche kaum:

Weißbuche

Rotbuche

Weißbuchen

Rotbuchen im Bestand

massive Stämme mit silbergrauer, glatter Rinde und wie gebügelt aussehende, dunkelgrüne Blätter. Das hat so kein anderer Laubbaum. Übrigens gibt es bei uns nur eine Buchenart. Denn die Weißbuche ist botanisch gesehen gar keine Buche, sondern eine nahe Verwandte der Birke. Ihre Blätter sehen aus wie ungebügelte Rotbuchenblätter mit kleinen Zähnchen an den Blatträndern.

Eines haben alle bisher genannten Bäume gemeinsam: Sie werden in der Regel nicht wirklich alt, meist erreichen sie nicht mehr als 150 bis 200 Lebensjahre. Einzig der Bergahorn sprengt in den Höhenlagen und bei genügend Feuchtigkeit in Luft und Boden regelmäßig die 300-Jahr-Grenze.

In dieser Liga spielen ansonsten nur wenige Baumarten: Linden, Eichen und die seltene Eibe machen das weitgehend unter sich aus.

Wunschbuche am Rand der Wacholderheide im Landkreis Eichstätt
48.845731, 11.547906

Rotbuche

Linden an der Höhenberg-Kapelle bei Aschau
47.792517, 12.329560

Sommerlinde

Winterlinde

LINDEN

Vor allem die beiden einheimischen Lindenchampions, Sommer- und Winterlinde, stellen die meisten der mehr als 400 Jahre alten ehrwürdigen Baumgreise. Besser gesagt Greisinnen, denn Linden gelten von alters her als weiblich.

Ob auf dem Dorfplatz oder als Solitärbaum auf einer zugigen Anhöhe: Oft erkennt man Linden schon aus großer Ferne an ihrer Form. Ihre Kronen wirken oft deutlich eiförmig und auch im Alter bei aller Größe zart.

Fruchtstände der Winterlinde

Sommer- und Winterlinde sind gar nicht so leicht zu unterscheiden. Beiden gemeinsam ist die Fähigkeit, zu gewaltigen Bäumen mit außerordentlich dicken Stämmen heranzuwachsen. Um die Lindenschwestern zu unterscheiden, hilft am ehesten ein Blick auf die Blätter: Die Blätter der Sommerlinde sind deutlich größer als die der Winterlinde und tragen auf der Blattunterseite kleine weiße Achselbärte. Die auffallend kleinen Blätter von Winterlinden besitzen rostrote Achselbärtchen an den Unterseiten. Als kleinen Tipp gebe ich noch mit, dass die Fruchtstände der Winterlinde meist fünf bis sieben, die der Sommerlinde eher zwei bis drei kleine Nüsschen enthalten.

Winterlinde von Pavolding im Landkreis Traunstein mit einem Stammumfang von rund 6,5 Meter.
47.957950, 12.439483

STIELEICHE

Die Stieleiche kann man leicht mit der ähnlichen Traubeneiche verwechseln. Am sichersten erkennt man die Stieleiche daran, dass ihre Eicheln an mindestens zwei Zentimeter langen Stielen hängen, während die Eicheln der Traubeneiche fast ungestielt wirken – sofern die Bäume gerade welche tragen und die Eicheln ohne Leiter oder Fernglas sichtbar sind. Deshalb sei mir eine Aussage erlaubt, die mir die Förster verzeihen mögen: In Oberbayern ist das sicherste „Unterscheidungsmerkmal“ zwischen den beiden Eichenarten, dass fast jede große Alteiche eine Stieleiche ist, einfach deshalb, weil sie einerseits eher eine Baumart der ehemaligen Auwälder im Donauraum ist und andererseits im Voralpenland deutlich höher steigt. Die wärmeliebende und seltenere Traubeneiche hingegen hat ihren Verbreitungsschwerpunkt in den Weinbauregionen im Westen Deutschlands.

Begegnet man dennoch einer Traubeneiche, so sind der, zumindest für Eichenverhältnisse, etwas elegantere Wuchs und die größeren und ebenmäßiger wirkenden Blätter auffallend.

Traubeneiche

Früchte der Stieleiche

Früchte der Traubeneiche

Stieleiche in Attenzell im Landkreis Eichstätt. Mit einem Stammumfang von fast sieben Metern unbedingt sehenswert.
48.904938, 11.383233

OBSTBÄUME?

Auf den ersten Blick könnte man denken, dass im Kreise der bisher genannten Bäume, die alle entweder sehr groß, sehr alt oder beides werden können, Obstbäume völlig fehl am Platze wirken. 100 Jahre sind für Birnbäume und Kirschbäume und erst recht für Apfelbäume oder Zwetschgen ein hohes Alter und selbst die größten und höchsten unter ihnen erreichen kaum ein Drittel der Höhe einer ausgewachsenen Eiche.

Da sich aber gerade bei den Wildbirnen oder uralten Kultursorten immer wieder einmal einzelne Bäume finden, die älter als 200 Jahre sind und knorriger werden als ihre Artgenossen, habe ich in diesem Buch einem einmaligen Rekordbirnbaum eine Geschichte gewidmet.

Streng genommen keine Obstbäume, aber als Angehörige der gleichen Pflanzenfamilie wie Apfel, Birne, Zwetschge, Kirsche und Co. gehören die uralten Weißdornbäume auf dem Golfplatz bei Oberelkofen doch hierher. Zumal der Weißdorn als uralte Heilpflanze tief in unserer Kulturgeschichte verankert ist.

Malerlische Waldkiefer auf der Kasinger Wacholderheide
48.845381, 11.549427

Freistehende Waldkiefer auf der Kasinger Wacholderheide im Landkreis Eichstätt

UND DIE NADELBÄUME?

Leicht sind ausgewachsene Waldkiefern schon von Ferne an der rötlichen Rinde im oberen Teil ihres Stammes zu erkennen oder aus der Nähe an ihren blaugrünen langen Nadeln, die immer paarweise an den Zweiglein stehen. Meist reicht sogar ein Blick unter den Baum: Der Boden unter älteren Kiefern ist übersät mit kugeligen Zapfen. Waldkiefern können sehr verschieden wirken: malerisch und breitkronig im Freistand, hoch und schlank im Wald.

Kiefernzapfen

DIE EWIGE VERWECHSLUNG

Die Tanne hat es nicht leicht: Immer wieder wird sie mit der Fichte verwechselt. Sogar ihren Namen muss sie oft missverständlich hergeben. Sind doch die „Tannenzapfen" auf dem Waldboden stets Fichtenzapfen. Reife Zapfen der Tanne zerfallen bereits am Baum in einzelne Schuppen und rieseln folglich in Einzelteilen herab. Bis dahin stehen Tannenzapfen aufrecht wie Weihnachtskerzen an

den Zweigen, während die Fichtenzapfen herabhängen.

Aber auch ohne Zapfen braucht niemand Tannen und Fichten zu verwechseln: Die Nadeln der Tanne sind, im Gegensatz zu denen der Fichte, glänzend dunkelgrün, flach und haben auf der Unterseite zwei helle, deutlich sichtbare Streifen.

Die Fichte sorgt aktuell auf traurige Weise für Schlagzeilen: Massenhaft sterben ganze Fichtenwälder, genauer Fichtenforste, durch Borkenkäferbefall ab. Obwohl noch der häufigste Waldbaum Deutschlands, sinkt der prozentuale Anteil der Fichte an der Waldzusammensetzung unaufhaltsam und rasch. Fichtenbestände haben keinen guten Ruf: Sie werden gleichgesetzt mit Stangenholz, versauerten Waldböden und düsteren Monokulturen, welche Borkenkäfern oder Stürmen wenig

Über 40 Meter hohe Fichte bei Linderhof

S.34 Blick in die Kroner einer freistehenden Fichte auf der alten Hutung „Wacht" bei Haunstetten im Landkreis Eichstätt.

Sind die Bäume alt, fällt die Entscheidung besonders leicht: Während der Gipfel einer gesunden Fichte (im Hintergrund links) bis ins höchste Alter spitz bleibt, enden alte Tannen oben abgerundet (im Hintergrund rechts) man spricht dann von einer Storchennestkrone

entgegenzusetzen haben. Schnell vergessen wir dabei, dass sogar die geschmähten künstlichen Fichtenanpflanzungen ihr ganz eigenes Verdienst in unserer Waldgeschichte haben, denn früher war beileibe nicht alles besser, schon gar nicht in den bayerischen Wäldern.

Ein Waldspaziergang vor 200 Jahren hätte uns schockiert: Jahrhundertelanger Raubbau für Köhlerei, Brenn- und Bauholzübernutzung sowie landwirtschaftliche Streu- und Wurzelstocknutzung hatten die Wälder Bayerns großflächig dezimiert und verwüstete Waldböden hinterlassen. Alte Quellen beklagen, dass sich auf den ausgemergelten Böden häufig nur noch krüppelwüchsige Kiefern finden ließen – ungeeignet als Bau- und Konstruktionsholz.

Weidefichten am Sudelfeldpass
47.681833, 12.017702

Also eine gänzlich heile Bergwelt für die Fichte? Nicht ganz: Seit 2019 mehren sich Befunde, nach denen sich die wärmeliebenden Borkenkäfer noch auf über 1.000 Meter Höhe massenhaft vermehren können. Das ist beunruhigend.

So konnte es nicht weitergehen: 1789 wurde das Forstwesen in Bayern neu geordnet und es wurden erstmals Maßnahmen zur Bodenverbesserung beschlossen. Damit schlug die Stunde des robusten Gebirgsbaums! In ihrer Anspruchslosigkeit gegenüber armen Böden waren Fichten DIE Bäume, mit denen die geplünderten Waldflächen wieder aufgeforstet werden konnten. Bald hatte die Holznot ein Ende.

Dankbar nannten die Menschen die schnellwüchsige Fichte ihren Brotbaum und schossen über jedes Ziel hinaus. Denn aufgrund der guten Eignung von Fichte als Bau- und Brennholz und der hohen Erträge, die Fichten auf hochwertigen Böden liefern, wurden fast überall die wenigen noch verbliebenen Buchen- und Laubmischwälder eingeschlagen und in Fichtenforste umgewandelt. Im Ebersberger Forst beispielsweise betrug im Jahre 1845 der Fichtenanteil 90 Prozent!

Das konnte nicht auf Dauer gutgehen, und die Katastrophe war nur eine Frage der Zeit. 1892/93 vernichtete eine Massenvermehrung der Nonnenraupe die Hälfte des gesamten Baumbestands im Ebersberger Forst. Das war kein Einzelfall in Oberbayern. Im 20. Jahrhundert und da vor allem nach dem Zweiten Weltkrieg entwickelten sich einige Arten von Borkenkäfern zur größten Bedrohung der Fichtenwälder. Allen voran Buchdrucker und Kupferstecher bringen seit dem trockenen Sommer 1947 regelmäßig die Fichte in Bedrängnis.

Mit dem Fortschreiten der globalen Erwärmung nehmen die Borkenkäferkalamitäten stark an Heftigkeit und Häufigkeit zu und vertreiben die Fichte wieder aus den standortfernen Anpflanzungen – still zieht sie sich in ihre eigentliche Heimat, die Berge, zurück.

Die Zeit der Fichtenforste im Tiefland geht unaufhaltsam zu Ende, aber in den Höhenlagen, wo die Luft etwas kühler ist und die Böden genug Wasser führen, können wir auch in Zukunft gewaltigen, fast 50 Meter hohen Fichtenbäumen sowie malerischen Weidefichten auf Almwiesen begegnen.

Borke einer uralten Lärche auf dem Golfplatz Oberigling
48.068141, 10.806423

Zapfenvergleich zwischen Gemeiner Lärche (links) und Japanische Lärche (rechts)

Lärchen gelten zurecht als leicht erkennbar: Hoch und schlank überragen sie im Forst häufig die anderen Bäume und zeigen im Herbst ihre leuchtend gelbe Herbstfärbung ehe sie als einziger einheimischer Nadelbaum ihre Nadeln abwerfen und kahl in den Winter gehen.

Gemeinerweise sind nicht alle Lärchen, denen wir in Forst und Parks begegnen, einheimische Lärchen: Neben der anspruchsvollen Gemeinen Lärche wurde vor allem in der Vergangenheit die in Bodenfragen anpassungsfähigere Japanische Lärche angepflanzt. In Zuwachs und Krankheitsresistenz ist sie der Gemeinen Lärche überlegen, zumindest solange sie genug Wasser bekommt. Da die Jahresniederschläge in ihrer japanischen Heimat rund dreimal höher ausfallen als bei uns, wird der hohe Wasserbedarf der eleganten Asiatin in unseren trockenen Sommern leider zunehmend zum Problem.

Erkennen lässt sich die Japanische Lärche leicht an ihren reifen Zapfen: Deren Schuppen sind stets leicht zurückgebogen, während die der Gemeinen Lärche anliegen.

EIBE

Die Eibe ist vielleicht die geheimnisvollste einheimische Baumart, und gerade diese seltene, geschützte Baumart bildet in Oberbayern einen ganzen Wald. Ihre rötliche Stammfarbe, die giftigen dunkelgrünen Nadeln und ihre roten beerenförmigen Früchte, die botanisch gesehen übrigens gar keine Früchte sind, machen die Eibe unverwechselbar.

Alteibe im Landkreis Eichstätt
48.894565, 11.501631

UND DIE EXOTEN?

Ob Hausgarten oder alter Park ob Zierahorn oder Zürgelbaum es gibt auch in diesem Teil Bayerns sicher mehr eingeführte Baumarten als einheimische. Gerade in Zeiten der globalen Erwärmung werden es in Stadt und Wald eher noch mehr. Götterbaum und Paulownie (der Kiri-Baum aus der Gartenabteilung der Baumärkte) werden teils als Hoffnungsträger, teils als Bedrohung unserer einheimischen Baumwelt gesehen. Einfache Antworten gibt es dabei nicht.

Aber was heißt überhaupt einheimisch? Die Botaniker haben da eine strikte Grenze gezogen: Bäume, die vor der Entdeckung Amerikas im Jahre 1492 eingeführt wurden, gelten in Deutschland als einheimisch; alle, die danach kamen, als eingeführt. Das mit Abstand prominenteste Opfer dieser Regelung ist eine Baumart, welche als geradezu urbayerisch gilt: die Rosskastanie. Also DER Baum der bayerischen Biergärten kam erst im 16. Jahrhundert durch die Osmanen nach Mitteleuropa.

Nicht verwechseln sollte man die Rosskastanie mit ihrer Namensvetterin, der Esskastanie oder Marone. Diese in Bayern seltene frostempfindliche Baumart wurde übrigens von den Römern über die Alpen gebracht und gilt deshalb als einhcimisch. Da diese nicht die charakterstarken gefingerten Blätter der Rosskastanie besitzt, sollte auch außerhalb der Blütezeit (nur die Rosskastanie hat schmucke weiße Blütenkerzen) eine Verwechslung ausgeschlossen sein. Obendrein stehen in Oberbayern (noch) keine wirklich gewaltigen alten Esskastanien. Mein über 200 Jahre altes Maronen-Fotomodell (Seite 41 r. o.) habe ich jenseits der Grenze bei unseren österreichischen Nachbarn gefunden.

Vielleicht bald ... noch sehen wir in Oberbayern keine Paulownien oder Blauglockenbäume, die so beeindruckend sind wie diese hier im Wiener Prater. Das, was heute als Ertragsweltmeister für Schnellwuchsplantagen gefeiert wird, war schon für über 100 Jahren der erklärte Lieblingsbaum von Kaiser Franz Joseph. Die ursprünglich aus Zentralchina stammenden Bäume mit den schönen blauen Blüten gehören heute bei uns zu den schillernsten Hoffnungsträgern im Klimawandel.

Rosskastanie

Esskastanie

ABGESANG

Selten habe ich bei einer Altlinde so stark wahrgenommen, dass sie dabei ist, zu gehen und ihre Lebensenergie aufgebraucht zu haben scheint. Die Krone der einst mächtigen Linde in Wald in Pleiskirchen ist gekappt und der Austrieb erfolgt nur spärlich. Mit einem Stammumfang von knapp acht Metern ist allerdings auch ihre Ruine eine imposante Erscheinung.

Schnell taucht die Frage nach dem Alter der greisen Sommerlinde auf. Häufig finden sich in regionalen Überlieferungen Fantasieangaben – ich frage mich, wie viele dutzend angeblich 1.000-jährige Linden in Deutschland wachsen und wie viele davon tatsächlich 1.000 Jahre alt sein könnten. Mehr als eine Handvoll werden es auch bei sehr optimistischer Schätzung kaum sein.

Hier liegt der Fall genau andersherum: 300 Jahre alt soll der Baum sein das erscheint mir zu knapp geschätzt. Auf einem nicht ganz 100 Jahre alten Foto wirkt der Lindenstamm ähnlich dick wie heute und die volle Krone macht einen gesunden Eindruck. Bei näherem Betrachten des alten Bildes fällt mir auf, dass die massive Wirkung des Stammes und die im Vergleich dünnen Äste nicht ganz zusammenpassen wollen. Offensichtlich war bereits die heute nicht mehr vorhandene Krone nach Sturmschaden oder radikalem Rückschnitt nachgewachsen.

Der Baum hat damit im Laufe seines Lebens die Krone nicht nur einmal verloren. Das zeugt von hohem Alter, denn ein Kronenverlust verlangsamt das Dickenwachstum des Stammes für lange Zeit erheblich. Um also in 300 Jahren auf einen Stammumfang von genau 7,7 Metern zu kommen, müsste die Linde von Wald kontinuierlich 2,5 Zentimeter Umfang jährlich hinzugewonnen haben. Das wäre zwar auf optimalem Boden für einen gesunden Solitärbaum möglich, aber eher unwahrscheinlich im engen Siedlungsgebiet und gänzlich unmöglich, wenn der Baum in diesem Zeitraum auch noch zweimal die Krone verliert.

Folglich gestehe ich dieser ehrwürdigen Linde mindestens 400 Jahre zu und hoffe, dass sie uns auch im Gehen noch viele Jahre erhalten bleibt. Hoffnung dazu besteht, denn ihr offensichtlich schlechter Zustand ist nach meinen Recherchen schon seit knapp zehn Jahren recht stabil.

ASK UND EMBLA,

so hießen bei den nordischen Stämmen die beiden ersten Menschen.

Ich mag den Schöpfungsmythos unserer germanischen Vorfahren schon deshalb ganz besonders, weil es Bäume waren, aus deren Holz die Ahnen aller Menschen entstanden.

Die ersten Menschen – Ask und Embla – sollen aus dem Holz einer am Meeresstrand angespülten Esche geschaffen worden sein. Ob sich die nordischen Dichter des 10. Jahrhunderts eine breitkronige und mächtige Esche wie diese hier in Geisberg bei Halsbach vorstellten? Oder dachten sie eher an das mechanisch belastbare und harte Holz der Esche? Bis heute werden hochwertige Werkzeugstiele aus Eschenholz gefertigt. Wie auch immer wirkten die Götter gemeinsam am Eschenholz und gaben dem Menschengeschlecht auf poetische Weise Leben: „Seele gab Odin, Vernunft gab Hönir, Blut gab Lodurr …"

Ich finde, Hönir sollte am göttlichen Eschenwerk dringendst noch etwas nachbessern …

Naturdenkmal

BUCHSTÄBLICH UNTERGETAUCHT

ist die große Linde bei Kraham. Selten bin ich einem derart dicken und dabei völlig unauffälligen Baum begegnet. Vor Jahren hat die einst sicher enorm ausladende Linde offenbar einen schlimmen Sturmschaden erlitten und ihre gesamte Krone eingebüßt. Jetzt wächst ihr gerade ein subtiles Schöpfchen nach, welches man aktuell kaum als Baumkrone bezeichnen kann. Ihren mächtigen Stamm verbirgt die Linde verschämt mit einem dichten Efeukleid. Der ganze Baum versteckt sich hinter einem Hochsitz, bei dem nicht ganz klar ist, wer hier wen stützt.

Vermutlich mag sich die Linde gerade nicht zeigen. Ich bin gespannt, ob sie wiederum frei und mutig die Landschaft prägt, wenn sie in rund 30 Jahren wieder eine angemessen große Krone trägt und der Hochsitz verfallen ist. Ob sie dann auch den Efeu ablegt?

ZWILLINGSRIESIN

Fast 9,5 Meter Umfang hat die Zwillingslinde am Buchberggipfel erreicht, bei völlig exponiertem Freistand und auf 855 Meter Höhe eine beeindruckende Leistung.

Zwei gewaltige Teilstämme bilden eine malerische und einheitliche Krone und ich gebe zu, es ist mir nicht sofort aufgefallen, dass da eigentlich zwei Sommerlinden, beide aufgrund ihres Alters hohl, im unteren Stammbereich miteinander verwachsen sind.

Was geschieht eigentlich, wenn zwei Bäume miteinander verwachsen? Vor ungefähr 300 Jahren standen zwei jugendliche Sommerlinden hier auf dem Buchberg sehr nah zusammen. Entweder hatte man die beiden sehr dicht gepflanzt oder sie keimten aus zwei Samen, die unmittelbar nebeneinander auf fruchtbaren Boden gefallen waren. Bald berührten sich ihre Stämme dauerhaft. Durch Dickenwachstum wurden diese immer fester gegeneinander gedrückt, während gleichzeitig die vom Wind verursachte Holzbewegung die jungen Stämme mit ihrer noch dünnen Rinde aneinander rieb. Sobald durch Druck und stete Reibung bei beiden Bäumen die empfindlichen Wachstumsschichten unter der Borke, die Kambien, freigelegt waren, konnten sich die Zellen beider Bäume mischen und an der Berührungsstelle ein Mischkambium bilden, das die zwei Linden seitdem mehr und mehr miteinander verbindet. Holzzellen, die von diesem Mischgewebe hergestellt werden, gehören weder der einen noch der anderen Linde, sondern tatsächlich beiden.

Ähnliches findet auch unterirdisch zwischen den Wurzeln verschmelzender Bäume statt. Bei uralten mehrstämmigen Bäumen ist deshalb eine DNA-Analyse oft der einzige Weg, um zweifelsfrei zu klären, ob das ein oder mehrere Bäume sind.

Übrigens laufen ganz ähnliche Vorgänge beim Veredeln von Obstbäumen ab. Auch hier werden die Kambien von Unterlage und Edelsorte erst durch Schnitte freigelegt und dann mit ebenso viel Fingerspitzengefühl wie Erfahrung aufeinandergepresst und fixiert.

Hier, in der wunderschönen Voralpenlandschaft, in Sichtweite des Buchbergkreuzes aus dem 18. Jahrhundert und der Sommerresidenz des vor 100 Jahren recht erfolgreichen Malers Theodor Bohnenberger, haben sich zwei Bäume gegenseitig zu einer malerischen Baumpersönlichkeit veredelt. Wie oft werden sie Bohnenberger Modell gestanden haben? Ich an seiner Stelle hätte sie regelmäßig und zu jeder Jahreszeit gemalt.

Eichen Bischl
47.717000, 11.428833

SCHÖN GESCHUMMELT

Die Eiche am Schwimmbad Bichl im Landkreis Bad Tölz-Wolfratshausen ist mit ihren sieben Stämmen und einem Umfang von fast 7,50 Metern eine prächtige Erscheinung.

Dabei dürfte gar nicht die Rede von DER Eiche sein, sondern von DEN Eichen. Tatsächlich wurden dort sieben Eichen so eng in ein Pflanzloch gesetzt, dass sie zu einem einzigen beeindruckenden Baum verwachsen sind. Die sieben Eichen teilen sich eine gemeinsame Krone, zu der jeder Baum beiträgt. Bis zu einer Höhe von ca. einem Meter sind die Stieleichen vollständig verwachsen, erst oberhalb davon teilen sie sich in sieben, logischerweise baumstarke und senkrecht aufstrebende Stämme.

Warum hat man einst so gepflanzt? Aus einem einzigen Grund: Auf diese Weise erhält man in recht kurzer Zeit sehr dicke und ausladende Bäume. Vor allem bei der Anlage von Schlossparks und Villengärten war diese sogenannte Büschelpflanzung im 18. und 19. Jahrhundert sehr verbreitet, weil die adligen und großbürgerlichen Herrschaften nicht immer die Geduld hatten, 200 Jahre zu warten, bis die Parkbäume eine angemessene Figur machen würden. Eichen, Buchen, Bergahorn und Linden: Sie alle sind immer wieder mal als Büschelbäume in alten Parks zu sehen, kokettieren optisch mit beeindruckender Leibesfülle

und gaukeln ein vermeintlich hohes Alter vor.

Die sieben Eichen von Bichl zum Beispiel zählen erst knapp 150 Lebensjahre. Zum Vergleich: Für eine Eiche mit über sieben Meter Umfang müsste man selbst unter optimalen Wuchsbedingungen nochmals 100 bis 150 Jahre zugeben – mindestens!

Von daher ein Dankeschön an die damaligen Pflanzer, die uns in Rekordzeit eine faszinierende Baumpersönlichkeit beschert haben: Bravo! Wunderschön geschummelt.

Birnbaum St. Georgen
47.833450, 12.845017

DIE LETZTE IHRER ART

könnte die Birne von St. Georgen sein. Möglicherweise ist diese 250 Jahre alte malerische Mostbirne die letzte Überlebende einer ansonsten längst ausgestorbenen alten Sorte. Da viel Grund zu dieser Annahme besteht, wurden jüngst über die Naturschutzbehörde Saatgut und Veredelungsreiser von diesem absolut einmaligen Birnbaum gewonnen. Gut so!

Sollte diese vermutlich aus Österreich stammende Mostbirnensorte tatsächlich am Aussterben sein, dann tut sie das zumindest mit einem rekordverdächtigen Paukenschlag!

Denn sogar ohne den Grad an Seltenheit zu berücksichtigen, ist genau dieser Birnbaum etwas ganz Besonderes: Es handelt sich um den dicksten Birnbaum des Kreises Berchtesgadener Land, der gleichzeitig dickster Birnbaum Oberbayerns ist, denn dem Birnenurviech von Fenkenöd im Landkreis Erding fehlt rund ein Meter Stammesumfang.

Das allein wäre schon Sensation genug, aber es geht noch weiter: Beim Recherchieren und Vergleichen der Maße von Birnbäumen ist mir keine Birne in Deutschland untergekommen, die einen Stammumfang von 5,72 Metern toppen könnte. Und zwar weder Wild- noch Kulturbirne!

Ist die alte Mostbirne von St. Georgen also der stärkste Birnbaum Deutschlands? Ja, es sieht danach aus, und da ich es nicht lassen konnte, auch internationale Datenbanken in meine Ermittlungen einzubeziehen, lehne ich mich jetzt noch etwas weiter aus dem Fenster: Ich halte es für wahrscheinlich, dass dieser knorrige Birnbaum mit seiner märchenhaft breiten Krone der dickste Birnbaum der Welt sein könnte.

Das sind große Worte, aber es scheint zumindestens in den Ländern, die für große Birnbäume bekannt sind, also Frankreich, Italien, Österreich, Tschechien und Polen, keine stärkeren zu geben.

Die bekannten Baumgroßmächte, die sonst für Rekorde aller Art gut sind, allen voran die USA und Großbritannien, erwähne ich nicht. Beide sind mangels bedeutender Birnbäume nicht einmal für die Top 10 qualifiziert.

Eine so wunderschöne, gewaltige und archaische Urbirne kannte ich bis dahin nicht und kann mir nicht vorstellen, dass es einen zweiten Birnbaum wie diesen gibt.

Birne von St. Georgen

Große Linde Ramsau
47.616283, 12.884383

LICHT UND SCHATTENSEITEN DES RUHMS

Es gibt wenige Bäume in Deutschland, die auch nur annähernd so berühmt sind wie die Große Linde bei Ramsau, vielleicht mit Ausnahme der verblichenen Bavaria-Buche von Pondorf, dem Ivenacker Eichenschwergewichtsweltmeister oder dem riesigen Lindenkoloss von Heede im Emsland.

Folgerichtig wurde die Riesenlinde im September 2022 zum Nationalerbe-Baum erklärt. Damit wurde die Linde eine Art Träger des Bundesverdienstkreuzes für Naturdenkmäler.

Ja, die Große Linde trägt diesen Namen – übrigens seit mindestens 1850 – nicht ohne Grund. Fast elf Meter Stammumfang, eine Höhe von 30 Metern und eine riesenhafte Krone machen diesen Baum zu einer sehr harmonischen Ausnahmeerscheinung. Bis zu einem gewaltigen Astabbruch 1997 beschattete er eine Fläche von rekordverdächtigen 900 Quadratmetern. Darüber hinaus dürfte die Linde sehr alt sein, denn hier, auf 850 Metern Höhe, ist die Vegetationszeit deutlich kürzer als unten im Tal. Ungefähr vier bis sechs Wochen weniger Zeit zum Wachsen machen sich im Lauf der Jahrhunderte bemerkbar. Deshalb wird die Große Linde auch höchst realistisch auf ein Alter von rund 800 Jahren geschätzt.

Wie oft bei sehr alten Bäumen ist über das genaue Jahr und den Anlass der Pflanzung nichts bekannt. Vermutlich wurde die Linde als Hutebaum gepflanzt oder zumindest als solcher bewusst vor der Axt bewahrt. Die Fläche ist eine alte Trade, d. h. die Bauern durften zwar von alters her in der Umgebung des Baumes ihr Vieh weiden lassen und auch Laub als Futter sammeln, aber es war ihnen bei Strafe verboten, Fäll- oder Aufforstungsarbeiten durchzuführen.

Jahrhundertelang war der montane Standort der Linde recht abgelegen. Erst ab 1875 begann langsam ihr Aufstieg zur Berühmtheit, zuerst mit dem Bau eines Gasthofes, des Lindenhäusls, dann in den 30er Jahren, indem die Trasse der „Deutsche Alpenstraße“, übrigens der ältesten Ferienstraße Deutschlands, bewusst direkt an der Linde vorbeigeführt wurde.

In dieser Zeit, genauer gesagt am 26.3.1933, wurden Reichspräsident Paul von Hindenburg und der frisch gebackene Reichskanzler Adolf Hitler zu Ehrenbürgern von Ramsau ernannt und die „Große Linde“ sollte fortan „von-Hindenburg-Linde“ heißen. Das tat sie dann auch – zumindest für die nächsten 12 Jahre bis 1945.

Nach dem Krieg schien der Name Hindenburglinde allmählich in den Hintergrund zu treten, und ich erinnere mich, dass im Laufe der 80er und 90er

Jahre in Baumbüchern immer häufiger wieder von der Großen Linde die Rede war.

Ich gebe zu, ein wenig war ich überrascht, als bei der Ernennung zum Nationalerbe ganz selbstverständlich von der Hindenburglinde gesprochen wurde. Weniger überraschend kam für mich die dadurch losgetretene öffentliche Diskussion. Sogar die Süddeutsche Zeitung schaltete sich ein und kritisierte, dass mit Generalfeldmarschall von Hindenburg einer der Wegbereiter von Hitler geehrt würde. Von anderer Seite hieß es, der Name Hindenburglinde hätte sich vor Ort längst als De-facto-Tatsache durchgesetzt und man könnte das Rad der Geschichte nicht zurückdrehen.

Nun, das vielleicht nicht, aber in einer Zeit, in der in vielen deutschen Städten zunehmend über Hindenburgstraßen und -Plätze gestritten wird und etliche umbenannt wurden und werden, hätte man ein bewusstes Zeichen setzen können. Für mich hätte das bedeutet, die Große Linde vom 1934 verstorbenen Kriegshelden des Ersten Weltkriegs, erklärten Militaristen und Antidemokraten Paul von Hindenburg sehr bewusst abzugrenzen und ein sauberes Statement zum Namen Große Linde abzugeben. Schließlich geht es hier um die wahrhaft Große Linde und nicht um den „großen" Hindenburg.

In jedem Fall hat diese wunderbare Linde eine derartige Kontroverse nicht verdient, aber es ist bei Bäumen wohl nicht anders als bei Menschen – mit dem Ruhm kommen auch die Schattenseiten. Für mich wird die Linde ganz bewusst die Große Linde bleiben.

Antenberglinde Obersalzberg
47.630167, 13.037983

ANTENBERGLINDE

„Was sind das für Zeiten, wo
Ein Gespräch über Bäume fast ein Verbrechen ist
Weil es ein Schweigen über so viele Untaten einschließt!“,
schreibt Berthold Brecht in seinem 1939 veröffentlichten Gedicht „An die Nachgeborenen“.

Der damals im Exil lebende Autor war fassungslos über das sich früh abzeichnende Ausmaß der NS-Verbrechen und mahnte, dass ein Dichter sich nicht mehr guten Gewissens mit den gewohnten Gegenständen der Lyrik befassen könnte. Gemeint haben könnte er damit auch speziell die Antenberglinde.

Diese höchst vital wirkende Baumruine wächst auf dem Obersalzberg nicht weit vom heutigen Dokumentationszentrum. Es sind vor allem 12 Jahre ihres Lebens, auf die sich die Blicke richten.

Dieses lange Leben hat möglicherweise schon vor 500 bis 800 Jahren begonnen und verlief über Jahrhunderte sehr beschaulich, war doch die traumhafte Berglandschaft, von kleinen Weilern wie Salzberg und Antenberg abgesehen, weitgehend menschenleer.

Das änderte sich in der Zweiten Hälfte des 19. Jahrhunderts. Die Eröffnung der Pension Moritz 1878 gilt tatsächlich als Startschuss des modernen, also aktiv Werbung betreibenden Tourismus in Deutschland. Und die Sommergäste kamen und gaben sich bald am Obersalzberg die Klinke in die Hand. Mehr oder weniger luxuriöse Sommerhäuser und Villen ergänzten die alten Bauernhäuser in der näheren Umgebung. Das alles wäre nach so langer Zeit kaum der Erwähnung wert, wäre nicht 1923 Adolf Hitler einer Einladung hierher gefolgt. Der Beginn seiner innigen Beziehung zum Obersalzberg.

Bald regelmäßiger Gast mietete Hitler 1928 das sogenannte Haus Wachenfeld als Feriendomizil. Nach der Machtergreifung erwarb Hitler das Gebäude und ließ es schrittweise zum monströs repräsentativen „Berghof“ ausbauen.

Bald siedelten sich auch die anderen NS-Größen wie Göring und Bormann auf dem weitläufigen Areal an; es entstanden Gästehäuser, SS-Kasernen und viele weitere Bauwerke. Dazu musste Land gekauft und mussten Bauernhöfe abgerissen werden. Die ursprünglichen Besitzer wurden mit sehr großzügigen Angeboten bedacht, allerdings bei Weigerung enteignet und ins Konzentrationslager geschickt.

Für den Aufbau des Führerkults auf Tausenden von Propagandafotos und Filmen war die Bergkulisse, in der Hitler bescheiden und menschennah inszeniert wurde, unverzichtbar. So setzten bald die

Menschenströme ein. In den ersten Jahren des Regimes pilgerten Zehntausende von Menschen, Wallfahrern gleich, zum Obersalzberg, um einen Blick auf den Reichskanzler zu erhaschen, vielleicht ein Stück Holz von einem Zaun abzubrechen, den Hitler berührt hatte, oder gar sich mit ihm auf einem gemeinsamen Foto zu verewigen. Eine Zeitzeugin erinnerte sich, wie sich in der Pension ihrer Eltern Gäste über Tage hinweg weigerten, die Hände zu waschen. Grund: Sie hatten die seltene Gelegenheit erhalten, die Hand des Führers zu schütteln.

Im Laufe der Zeit und vor allem nach Kriegsbeginn wurde das ganze Areal immer mehr zum abgeschirmten und gut bewachten „Führersperrbezirk". Ein Drittel seiner gesamten Regierungszeit verbrachte Hitler an diesem Ort. Der Obersalzberg entwickelte sich zu einer der wichtigsten Machtzentralen des Dritten Reichs. Das Ende kam fünf Tage vor Hitlers Selbstmord im Berliner Führerbunker. Kurz vor Kriegsschluss am 25.4.1945 zerstörte ein Bombenangriff der Royal Air Force das Gebiet und die abziehende SS steckte den beschädigten Berghof in Brand.

Zur Ruhe kam der Obersalzberg auch in der Bundesrepublik nicht. 1953 wurden schließlich die Ruinen des Berghofs gesprengt, nachdem der Ort aufs Neue begann, mehr und mehr Besucher und Souvenirjäger anzuziehen.

Heute befindet sich ein sehr gut besuchtes Dokumentationszentrum auf dem Gelände und die genaue Stelle, an der Hitlers Domizil stand, ist schon lange aufgeforstet. Unweit wurde ein Luxusressort errichtet, um weiterzuführen, was der Obersalzberg vor 1933 war.

Was hat die Antenberglinde mit all dem überhaupt zu tun? Genaugenommen nichts, denn wo dieses beeindruckende Lindengewächs am Ausgang des Mittelalters keimte, gibt es per se keinen Bezug zur neueren deutschen Geschichte. Das relativiert die Bedeutung der Frage, ob Hitler den riesigen und den in den 30er Jahren sicher großkronigen Baum mochte und ob er womöglich regelmäßig an ihm vorbeispazierte. Ausschließen kann man das nicht. Der alte Baum steht unweit des Carl-von-Linde-Wanderwegs und der führt zur 1937 von Hitler eingeweihten Theaterhalle, einem riesigen Holzbau, der hauptsächlich zur Erholung der Arbeiter am Obersalzberg diente. Möglicherweise ist es ein Glück für die Linde, dass die Souvenirjäger sie nie auf dem Schirm hatten.

Mir persönlich kommt die greise Linde müde und in sich zurückgezogen vor. Ich kenne keine andere Linde mit rund neun Metern Stammumfang, die kaum vom Weg aus zu sehen ist. Vielleicht mag die stumme Zeugin uns nicht an ihren Erlebnissen teilhaben lassen. Ich muss wieder an die Worte Brechts denken. Aus Sicht der Antenberglinde könnte es heißen, dass ein Gespräch mit Menschen fast ein Verbrechen ist, weil es ein Schweigen über so viele Untaten einschließt.

DOPPELT SCHÖN UND DOPPELT GEFÄHRLICH …

… so werden Zwiesel wie die Doppellinde von Edenholzhausen häufig gesehen. Die riesige Linde mit ihrem Stammumfang von 8,80 Metern ist ein Zwiesel und obendrein einer der größten, den ich kenne.

Zwiesel heißen umgangssprachlich Bäume, deren Stamm nicht aus einem, sondern aus zwei Leittrieben aufgebaut ist. Wie es dazu kommt, kann mannigfaltigste Ursachen haben: ein abgebrochener Gipfel in der Jugend, eine im Winter erfrorene oder von Rehen abgefressene Spitzenknospe oder auch genetische Ursachen bis hin zu Wasseradern im Untergrund.

Gerade im Alter geben Zwiesel unglaublich malerische Bäume ab, werden aber von Baumsachverständigen oft kritisch beäugt, da Zwieselwuchs der Stabilität eines Baums nicht zuträglich ist. Warum ist das so? Weil das Gewicht der Doppelkrone auf zwei Stämmen, die gar nicht absolut senkrecht stehen können und dadurch beim Ableiten der Kronenmasse starken Biegekräften ausgesetzt sind. Vergleichbar einem stark belasteten und dabei schräg stehenden Pfeiler, der viel leichter abbricht als eine 100 Prozent vertikale Säule, auf der das zu tragende Gewicht gleichmäßig von oben drückt.

Besonders kritisch ist die Verbindungsstelle der beiden Stämme. Dort, wo sie im spitzen Winkel wie ein V zusammentreffen, verursacht die Windbewegung der Kronenäste enorme Hebelwirkungen, vor allem wenn der eine Stämmling stärker von einer Windböe erfasst wird als der andere.

Wie stark diese Stelle belastet ist, erkennt man sogar von außen: Oft bilden die Bäume zusätzliche Holzmasse an dieser Stelle, bilden Wulste, Wucherungen und extra breite Jahresringe, um für zusätzliche Stabilität zu sorgen. Das alles kann leider nicht verhindern, dass fast jeder Zwiesel irgendwann einmal der Länge nach auseinanderbricht.

Dafür macht es die Doppellinde im Landkreis Dachau sehr gut. Seit fast 400 Jahren zwieselt sie vor sich hin und strotzt vor Kraft und Stärke. Ist also Zwieselwuchs doch harmlos? Das zu behaupten, wäre ungefähr so, als wenn ich die Harmlosigkeit des Rauchens damit belegen wollte, dass die Französin Jeanne Calment nachweislich 96 Jahre lang geraucht hatte, bevor sie 1997 hochbetagt im Alter von 122 Jahren verstarb.

Der prachtvollen Lindendame von Edenholzhausen wünsche ich, dass sie die Madame Calment der Zwieselbäume sein mag.

Eiche Eisolzried
48.259400, 11.335783

SCHLOSSEICHE OHNE SCHLOSS

134 Jahre sind vergangen, seit das Hofmarkschloss Eisolzried abgerissen wurde – trauriges Ende eines Schlosses, dessen Anfänge auf eine Burg zurückgehen, die vor über 800 Jahren erstmals urkundliche Erwähnung fand. Noch 1737 wurde in einem Salbuch von den „lieblichen Eichen“ geschwärmt, die den Platz vor dem Schloss zierten.

Nur ein Baum dieses Ensembles hat überlebt und wurde von der noblen Schlosseiche zur profanen Wegweisereiche degradiert. Anfang des 20. Jahrhunderts befestigte man an dem mächtigen Baum eine Wegetafel, die Reisenden den Weg in das rund drei Kilometer entfernte Dörfchen Palsweis wies. Als XXL-Straßenschild erlangte die riesige Stieleiche vor 100 Jahren durchaus eine gewisse Berühmtheit.

Heute gehört die Eichenveteranin mit einem Umfang von 9,60 Metern zu den stärksten Eichen Deutschlands. Dabei hatte es die gewaltige Eiche in letzter Zeit nicht leicht: Vor Jahren hatte der Blitz eingeschlagen und eine breite Rinne hinterlassen, 2003 wurde die Eiche mutwillig in Brand gesetzt, und der nahe Neubau einer Maschinenhalle hat ihr vor etwas über 10 Jahren viele Wurzeln gekostet. Davon hat sich der alte Baum bis heute nicht ganz erholt.

Es wäre schade, wenn das Leben dieser ganz besonderen Eiche langsam zu Ende ginge. Denn ich werde das Gefühl nicht los, dass sie ein Geheimnis bergen könnte – das Geheimnis eines wahren hohen Alters. Oft werden dicke Bäume heillos überschätzt und auch Eichen erreichen nur selten mehr als 300 bis 400 Lebensjahre. Die Eiche von Eisolzried steht auf recht armem Boden, dürfte also nur langsam gewachsen sein. Hinzu kommt, dass sie auf einem Foto aus dem Jahr 1900 kaum weniger dick wirkt als heute. Ein Alter von 600, eventuell sogar 800 Jahren rückt in den Bereich des Möglichen, und der Gedanke, dass dieser Baum tatsächlich im Mittelalter gekeimt haben könnte, erfüllt mich mit Ehrfurcht.

DER ZWEITE IST IMMER DER ERSTE VERLIERER

Dieser respektlose Spruch kam mir bei der knorrigen Linde von Obermarbach in den Sinn. Kurze Zeit hatte ich nämlich überlegt, ob die gewaltige Erscheinung am Hohlweg nicht der dickste Baum Oberbayerns sein könnte. Ein Stammumfang von zehn Metern ließ das zumindest im Bereich des Möglichen erscheinen.

Eine Vorstellung davon, wie gewaltig diese Linde ist, bekommt man vielleicht, wenn man weiß, dass ihr Naturdenkmal-Schild eines der größten ist, die ich an einem Baum je gesehen habe: Das Schild hat ungefähr die Größe eines Vorfahrtsschilds im Straßenverkehr. Von wegen kleine Plakette!

Aber es wäre auch zu schön gewesen, wenn ein relativ unbekannter Baumriese einen solchen Titel tragen dürfte. Genau 85 Zentimeter mehr Stammumfang hat der charismatische Lindensuperstar von Ramsau, die Hindenburglinde. Obendrein dürfte jene Sommerlinde im Berchtesgadener Land auch älter sein; höher, harmonischer und ausladender ist sie ohnehin.

Die urige Linde im Landkreis Dachau ist nichtsdestoweniger eine außergewöhnliche Baumpersönlichkeit. Ich kenne keinen zweiten monumentalen Baum, der sich in einen derart steilen und für riesige Bäume völlig unpassend erscheinenden Hang krallt.

Wie abstrakte Kunstwerke ragen starke Wurzelstränge aus dem Boden – von Regen und Wind im Laufe von Jahrhunderten freigelegt. Für Besucher dieser Ausnahmelinde die Gelegenheit, das Wunder Baumwurzel aus der Nähe zu bestaunen.

Hier erwacht der Begriff der Wurzelkrone zum Leben: Schon bei Bäumen, deren Wurzeln ungestört wachsen dürfen, ist die Ausdehnung der Wurzeln stets größer als die der Krone. Faustregel dabei ist, dass die Wurzeln etwa zwei Meter über den äußeren Kronenrand hinausreichen. Sind die Böden aber durch Verkehr oder Trittbelastung verdichtet und erschweren so die Aufnahme von Wasser und Sauerstoff, dann gehen Wurzelstränge schon mal auf weitere Wanderschaft. Mir kommt eine fränkische Dorflinde in den Sinn, deren Wurzeln noch 40 Meter vom Baumstamm entfernt ihren Weg in einen Keller gefunden haben. Ganz zu schweigen vom Tiefenweltrekord einer Wurzel: In Südafrika wächst eine Feige, die ihre Wurzeln in nur 70 Jahren in eine Tiefe von 120 Metern getrieben hat. In gewisser Weise wird damit ein oberirdisch gar nicht sonderlich beeindruckender Feigenbaum zu einem der höchsten Bäume der Welt.

So kommt die Linde von Obermarbach möglicherweise doch zu ihrem ganz eigenen Rekord: Ihre Wurzeln sind weder die längsten noch die tiefsten, aber vielleicht die stärksten.

VON WEGEN STANGENWALD!

Die alte Kiefer südlich von Aßling erinnert mit ihrem breitkronig malerischen Wuchs eher an eine Zeder als an eine Waldkiefer und ist vielleicht aus diesem Grund schon seit über 60 Jahren als Naturdenkmal ausgewiesen.

In der Feldflur durfte sich diese Kiefer von Anfang an frei ausbreiten und musste nie mit ihren Artgenossen um das Sonnenlicht kämpfen. Im dichten Bestand hätte das anders ausgesehen.

Von rund einer Million Jungkiefern, die als Naturverjüngung auf einem Hektar baumfreien Waldboden auskeimen, bleiben nach 100 Jahren gerade einmal 100 Bäume übrig. Denn mit dem Augenblick der Keimung beginnen die Sämlinge unter der Erde einen Wettstreit um Wasser und Mineralstoffe und über der Erde einen erbarmungslosen Wettlauf zum Licht.

Nur die Jungbäume, welche etwas mehr von den lebenswichtigen Sonnenstrahlen erhalten als ihre Artgenossen, entwickeln sich gut. Wie einst bei den Gladiatoren im alten Rom überleben langfristig nur die, die ihre unterlegenen Gegner übertreffen. Was dabei herauskommt, sind hohe, schlanke und wertvolles Bauholz liefernde Kiefernstangen. Je älter solche Kiefernwälder werden, desto größer werden die Abstände zwischen den Einzelbäumen, weil die Auslese weitergeht, bis nach ungefähr 100 Jahren das Höhenwachstum der Kiefern abgeschlossen ist. Nur die wuchsstärksten unter ihnen finden sich jetzt noch im Altbestand. Auch deren hohe astfreie Stämme können 200 bis 300 Jahre alt werden; die märchenhafte Anmutung ihrer frei stehenden oberbayerischen Schwester werden sie aber nie besitzen.

FEUERFESTER SYMPATHIETRÄGER

Als ich die Altlärchen bei Schechen in der Nähe von Steinhöring an einem diesigen Tag Anfang März zum ersten Mal erblickte, wirkten sie auf mich gar nicht sonderlich sympathisch. Ausladend, sperrig und fast bedrohlich tauchten sie noch winterlich kahl aus dem Nebel auf.

Dabei gibt es nur wenige einheimische Bäume, die mythologisch ähnlich positiv besetzt sind wie Lärchen. Man sagte ihnen große Schutzkraft gegen böse Geister nach und sah sie als Wohnstatt menschenfreundlicher Waldfeen.

Bis in die Neuzeit pflanzte man gern Lärchen an einsam stehenden Gehöften. Auch als es nicht mehr um Schutzzauber ging, hielt sich die Einstellung, dass es zumindest nicht schaden könne, eine Lärche beim Hof zu haben.

Obendrein war und ist Lärchenholz ein sehr hochwertiges Bauholz und im Außenbereich sowie unter Wasser extrem beständig. Solcherart pragmatische Gründe spielten sicher eine Rolle für das traditionell gute Image des sommergrünen Nadelbaums. In diesem Zusammenhang hielt sich lange der Mythos, dass Gebäude, aus Lärchenholz errichtet, nur schwer abbrennen. Ist das so?

Die Entzündungstemperatur von Holz ist von vielen Faktoren abhängig: Wasser- bzw. Harzgehalt, Dicke der Jahresringe und Aufwuchsbedingungen zählen ebenso dazu wie die Holzart. Tatsächlich ist die Zündtemperatur von Lärchenholz mit rund 300 Grad Celsius ähnlich wie die von Fichte oder Kiefer. Eichenholz hingegen entzündet sich unter halbwegs vergleichbaren Bedingungen erst bei ca. 500 Grad Celsius.

Heute geht man davon aus, dass es weder Germanen noch abergläubische Menschen des Mittelalters waren, die das seltsame Gerücht vom feuerfesten Lärchenholz in die Welt setzten. Die Spur führt vielmehr nach Rom, genauer gesagt in das erste Jahrhundert nach Christus zu Plinius dem Älteren: „Sie (Anmerkung: also die Lärchen) können weder brennen noch verkohlen und durch das Feuer nicht anders angegriffen werden als ein Stein", schrieb er in seiner großen Naturgeschichte. Plinius waren vermutlich Meldungen zu Ohren gekommen, dass die sehr dicke Borke alter Lärchen (in den Schweizer Alpen?) diese vor Waldbränden schützte. Ob der große Dichter da was verwechselte? Oder bediente er ganz bewusst den Sensationshunger seiner römischen Leserschaft? Diese gruselte sich schließlich gern an Berichten aus barbarischen Ländern jenseits der Alpen.

Ehrlich gesagt tippe ich auf Zweiteres, ist doch beim selben Autor des Weiteren zu lesen, dass in Germanien derartig riesige heilige Eichen zu finden seien, dass sie mit der Welt entstanden sein müssen. Möglicherweise auch eine leichte Übertreibung im Dienste der Unterhaltung, die für mich den berühmten Römer nicht weniger sympathisch macht.

Denn Plinius selbst starb im Alter von 55 Jahren unter dramatischen Umständen, worüber spätere Schreiber übrigens gern berichteten: Als der Vesuv 79 n. Chr. Pompeji völlig vernichtete, sprang Plinius tatkräftig in die Presche und versuchte mit seinem Schiff, Menschen von den Hängen des ausbrechenden Vulkans retten. Gehen wir also nicht zu hart mit den naturkundlichen Ausschmückungen des Plinius ins Gericht, immerhin kam er als Held ums Leben und ist wohl maßgeblich am guten Ruf der schönen Lärchen beteiligt.

IN ARMUT ZUR SCHÖNHEIT

Diesen Weg ist die märchenhafte Buche bei Dunsdorf im Landkreis Eichstätt gegangen. Was damit gemeint ist? Auf der Anhöhe, auf der die malerische Rotbuche wächst, sind die Böden arm. Langsam heranwachsende Eichen und Weißbuchen, nicht weit von der Veteranin, zeugen davon.

Ein Boden, der kaum Wasser speichert und arm an Mineralstoffen ist, hat die Buche niedrig gehalten. Dabei können Rotbuchen im Wald auch ganz anders. Auf nährstoffreichen und bestens wasserversorgten Böden entwickeln die Bäume im Wettrennen nach dem Licht monumentale Stämme: 50 Meter hoch und den Stützpfeilern gotischer Kathedralen ähnlich.

Aber ich vermisse bei der Dunsdorfer Buche keine Rekordhöhe. Ganz im Gegenteil: Die verschlungenen Äste der fast ebenerdig ansetzenden Krone sind unendlich malerisch. Wahrscheinlich haben vor langer Zeit auch Rehe oder Hirsche mit wildem Knospenhunger am extravaganten Styling mitgewirkt. Wer weiß?

Lebensverlängernd kann ein derart knorriger Wuchs in mehrfacher Hinsicht wirken: Einerseits ist im Forstbetrieb vor allem das gefragt, was diese Buche nicht hat: ein langer, gerader und astfreier Stamm. Das hat sie wohl vor Axt und Motorsäge verschont. Andererseits erreichen Bäume an armen Standorten häufig ein wesentlich höheres Alter als an den sogenannten guten Standorten. So stehen die ältesten Bäume der Welt, die bis 5.000 Jahre alten Grannenkiefern in Kalifornien, auf eisigen 4.000 Metern Höhe – auf ärmsten, trockenen und windexponierten Berghängen. So alt ist und wird die schöne Buche natürlich nicht, denn kaum eine Buche erreicht ein höheres Alter als 300 Jahre. Aber dass der Baum vielleicht älter ist als die knapp 200 Jahre, auf die man ihn schätzt, kann ich mir sehr gut vorstellen.

Übrigens wird die zauberhafte Buche lokal auch als „Die Krüppelbuche“ bezeichnet. Ein respektloser Name für diese Schönheit am Waldesrand. Oder nicht?

VERRÄTERISCHER BAUCHUMFANG

Die monumentale Stieleiche von Ottersdorf ist ein wahrer Gigant am Waldrand: Mit einer Höhe von 24 Metern erblickt man die riesige Eiche schon von Weitem. Kommt man näher, zieht der massiv wirkende und knapp über acht Meter Umfang messende Stamm die Blicke auf sich. Seine leichte Neigung in Richtung der Felder und eine Blitzrinne lassen ihn noch uriger erscheinen. Kurz: ein Monument von einer Eiche, welches die durchaus gut gewachsenen Bäume in seiner Nachbarschaft zu Statisten degradiert. Unwillkürlich drängt sich mir die Frage nach dem Alter auf und ich beginne mit der Zahl 1.000 zu flirten. Bestimmt ruhten einst Minnesänger im Schatten der Eiche. Oder fanden womöglich fürchterliche Hexenprozesse bei dem Eichenbaum statt? Immerhin ist der Weiler Hexenagger nur 500 Meter entfernt.

Genug fantasiert: Tatsächlich dürfte das imposante Eichengewächs nicht einmal die Hälfte der magischen 1.000 Jahre alt sein. Woher weiß man das? Nun, genau genommen weiß man es eben nicht. Niemand hat den Zeitpunkt der Pflanzung dokumentiert, und die übliche Altersbestimmung durch Zählen der Jahresringe scheidet bei dieser Eiche natürlich genauso aus wie bei fast allen anderen wirklich alten Eichen. Der Grund: Die Stämme sind hohl. So beständig Eichenholz auch sein mag, nach spätestens 300 Jahren, oft schon viel früher, beginnen Mikroorganismen, Pilze und später Insekten das harte Kernholz von innen her abzubauen. Für den Baum ist das gar nicht so schlimm. Seine lebenden Zellen befinden sich nur in der äußeren Holzschicht. Bäume können mit völlig ausgehöhlten Stämmen noch jahrhundertelang leben.

Also muss man ein wenig Detektiv spielen und kombinieren: Im Falle der Eiche von Ottersdorf sieht das so aus: 2015 hat der Eichenforscher Rainer Lippert einen Stammumfang von 7,99 Metern gemessen. 2018 betrug der Umfang genau 8,04 Meter. Also fünf Zentimeter Zuwachs in drei Jahren machen nach Adam Riese knapp 1,7 Zentimeter pro Jahr oder eben acht Meter in ca. 470 Jahren. Zugegeben, für eine Zuwachsermittlung dieser Art ist ein Beobachtungszeitraum von fünf Jahren eigentlich zu kurz. Dennoch passen die ermittelten Werte gut zu den Ergebnissen unzähliger Vergleichsmessungen, wie sie Forstbotaniker an tausenden Eichen jeden Alters schon durchgeführt haben. Demnach gewinnt eine gesunde Eiche mit guter Wasserversorgung im langjährigen Mittel zwei Zentimeter Umfang hinzu. Berücksichtigen wir die etwas höheren Werte mit, so wird das tatsächliche Alter der Eiche eher 400 Jahre betragen, zumal Eichen in ihren ersten Lebensjahrzehnten zügiger an Umfang zunehmen als später.

Was aber, wenn die Eiche in den zurückliegenden Jahrhunderten viel schneller oder viel langsamer gewachsen ist? Ganz einfach, dann liegen wir mit unserer Rechnung voll daneben und werden nie erfahren, wie alt die große Eiche wirklich ist.

So oder so hat die gewaltige Eiche keine Minnesänger gesehen und erst recht keine Hexenprozesse, denn erstens fanden diese nie unter freiem Himmel statt und zweitens hat der Name des Dorfes Hexenagger mit Hexen rein gar nichts zu tun, sondern mit dem Namen derer von Hechsenagger, eines in der Gegend ansässigen, Burgen bauenden Adelsgeschlechts.

Wie andere sehr alte Eichen hat auch diese Eichenriesin eine beeindruckend tief gefurchte Netzborke.

BIERGARTEN UND BALKAN

Ursprünglich ist die Rosskastanie natürlich nicht in den bayerischen Biergärten beheimatet, wo sie seit Langem für tiefen Schatten sorgt, ohne dabei mit ihrem eher flachen Wurzelwerk die Bierkeller zu gefährden, sondern in den Höhenlagen Griechenlands und Albaniens und einiger anderer Länder der Balkanhalbinsel. Die Vorkommen der Rosskastanie waren allerdings so versteckt, dass die auffälligen Bäume in der Antike und im Mittelalter völlig unbekannt waren.

Das änderte sich erst im 16. Jahrhundert, als die Osmanen auf ihren Feldzügen Rosskastanienfrüchte als Futter und Hustenheilmittel für ihre Pferde mitführten. So keimten 1576 die ersten Rosskastanienbäumchen Mitteleuropas in Wien, und es spricht vieles dafür, dass alle Rosskastanienbäume Mittel- und Westeuropas von diesen Wiener Rosskastanien abstammen.

Und auch wenn heute Kastanienminiermotte und Rostpilz der Rosskastanie das Leben schwer machen und die gesunde, opulente Ausstrahlung der Bäume oft schon im Spätsommer dahin ist, beschenkt uns die Rosskastanie selbst dann. Denn ihr Gehalt an pharmazeutischen Inhaltsstoffen ist enorm. Prominentestes Beispiel ist das Wirkstoffgemisch Aescin, ohne das unsere wirksamsten Medikamente gegen Venenleiden gar nicht existieren würden. Der Rosskastanie brachte dies eine ungewöhnliche Auszeichnung ein: 2008 wurde sie in Deutschland zur Arzneipflanze des Jahres gewählt – keinem Baum vorher oder nachher wurde diese Ehre zuteil.

Übrigens muss man kein Pharmazeut sein, um Wirkstoffe der Rosskastanie zu nutzen: Die enthaltenen Saponine machen Rosskastaniensamen zu Biowaschmitteln erster Güte mit einer weit besseren Ökobilanz als die der indischen Waschnüsse.

Alles Gründe, sich an alten Rosskastanienbäumen, wie der wahrscheinlich im Jahr 1872 am Brunnhauptener Weiher bei Kösching gepflanzten, zu erfreuen und weiter junge Rosskastanien anzupflanzen. Denn der Klimawandel setzt ihr in den Städten zu und das Bakterium Pseudomonas bringt zunehmend Rosskastanienbäume zum Absterben. Keine guten Aussichten für das bayerische Biergartenurgestein vom Balkan.

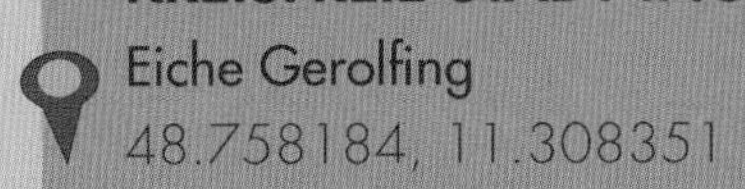

Eiche Gerolfing
48.758184, 11.308351

HOLZMUTTER IN DER MIDLIFE-CRISIS

Die mit Abstand größte und beeindruckendste Eiche im Großraum Ingolstadt dürfte die große, als „Holzmutter“ bezeichnete Stieleiche im Gerolfinger Eichenwald sein.

Wie der beeindruckende Baum zu dem etwas seltsamen Namen gekommen ist, lässt sich schnell erklären. Die fast parkartig wirkende Landschaft, in der die Eiche wächst, ist eine ebenso uralte wie ungewöhnliche Kulturlandschaft. Auf den zwar fruchtbaren, aber nassen Böden war dauerhafter Ackerbau schwierig. Vor allem änderte die Donau regelmäßig ihren Lauf und überschwemmte dabei die Landschaft nachhaltig.

Viele Jahrhunderte lang wurde dort Waldweidewirtschaft und kurzfristige Brennholzgewinnung betrieben. Nur einzelne überschwemmungstolerante Bäume, bevorzugt Stieleichen, durften als sogenannte Überhälter an etwas trockeneren Stellen groß und alt werden. Sie sollten hochwertiges Bauholz liefern und wenn sie sogar dafür zu alt waren, dann sorgten sie mit ihren Eicheln für Nachwuchsbäume und nährten mit dem Überschuss das Vieh.

Die Holzmutter ist ein typischer Überhälter, der mit seinen rund 400 Lebensjahren ein für Eichen kritisches Alter erreicht hat. Kritisch, weil bei Eichen meist zwischen dem 300. und 400. Lebensjahr die Krone zerbricht. Warum gerade dann? Ab einem Alter von 300 Jahren beginnen Eichenstämme meist hohl zu werden, während gleichzeitig die Kronen riesenhafte Ausmaße und ein entsprechendes Gewicht erreichen. Heftige Stürme finden dann eine große Angriffsfläche, vor allem im Sommer, wenn die Bäume volles Laub tragen. Bis auf sehr wenige Ausnahmen erleiden Eichen dieser Altersgruppe innerhalb weniger Jahrzehnte starke Sturmschäden und verlieren fast alle Kronenäste. Häufig überleben das die Alteichen nicht, entweder weil der Stamm beim Ausbrechen der Äste zu stark in Mitleidenschaft gezogen wird oder weil der Sturm gleich die ganze Eiche fällt.

Einige wenige Bäume allerdings schaffen es aus dem Stamm oder besser Stumpf, eine neue und viel kleinere Sekundärkrone auszutreiben. Mit dieser können die kleingeschrumpften Eichen durchaus noch mehrere Jahrhunderte leben und sich zu märchenhaften Baumgreisen entwickeln. Sehr dicke, knorrige Stämme oder nur noch malerische

Gibt es überhaupt sehr alte Eichen, die noch ihre ursprüngliche Krone haben? Ja, die gibt es, aber man findet sie genauso selten wie Menschen, die 110 Jahre alt sind. Die einzige dieser Eichen in Deutschland, die mir bekannt ist, ist die älteste der Ivenacker-Eichen in Mecklenburg-Vorpommern. Dieser Baum wird auf ungefähr 800 Jahre geschätzt und ist mit über 30 Metern Höhe und über elf Metern Stammumfang nicht weniger als die größte Stieleiche der Welt.

Stammfragmente sind dann gekrönt von kompakten und vitalen Minikronen.

Es sind also entscheidende Jahre für die Holzmutter gekommen. Bereits im Juli 2015 hat ihr ein Sturm viele, aber nicht alle Starkäste gekostet. Bei meinem Besuch 2023 ist ihre Krone noch hoch, aber nicht einmal mehr halb so groß wie vor dem Sturm. Die einst ausladende Eiche wirkt angeschlagen.

Ich wünsche der Holzmutter sehr, dass sie noch lange lebt und im Jahr 2423 als stämmig untersetzte Gerolfinger Holzgroßmutter Berühmtheit erlangt.

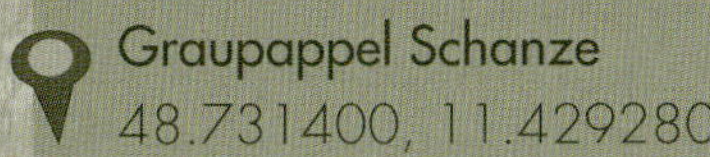

Graupappel Schanze
48.731400, 11.429280

GRAUER STAR

Nein, es geht in dieser Geschichte nicht um eine Einschränkung des Sehvermögens aufgrund fortschreitender Linseneintrübung. Diese Graupappel ist ein seltener Star am Himmel der geschützten Baumpersönlichkeiten, wird jener doch sonst von Linden und Eichen dominiert, gelegentlich noch aufgelockert von der ein oder anderen Buche oder Eibe.

Die schnellwüchsigen und oft auch schnelllebigen Pappeln werden bei der Ausweisung von Naturdenkmalen nur selten berücksichtigt. Dabei können Grau-, Schwarz- und Silberpappel durchaus mehrere Jahrhunderte alt werden. Das vergisst man leicht, wenn man alle Pappeln automatisch gleichsetzt mit den kurzlebigen Hybridpappeln, die oft wie Zinnsoldaten an Gewässerrändern oder auf Papierholzplantagen aufgereiht sind.

Die monumentale Graupappel „hinter der Lagerschanze" hat mit ihrem sehr kurzen massiven Stamm, der rasch in zwei Teilstämme übergeht, der eine mit über zwei, der andere mit über drei Metern Umfang, das grün-weiße Naturdenkmal-Schild mehr als verdient.

Hier, in der sogenannten „Au" im Ingolstädter Stadtteil Unsernherrn, verlief bis ins Spätmittelalter der Hauptarm der Donau durch fruchtbares und nasses Überschwemmungsland. Seit Langem sind die zahlreichen Wasserstellen trockengelegt, die Auenwälder gefällt und das Land durch Entwässerung landwirtschaftlich nutzbar gemacht.

Heute erinnern nur noch wenige Bäume daran, dass der Ingolstädter Donauraum früher maßgeblich von riesigen Pappeln und Weiden geprägt war. Die vitale und gesunde Großpappel wirkt in der flachen, weitgehend baumarmen Landschaft heute fast wie ein Fremdkörper, aber einer der den Besuch lohnt.

Suchbild mit Huhn

VOM FRIEDHOF IN DEN HÜHNERSTALL

Darüber zu schreiben, was ein alter Baum schon alles erlebte und wie sich die Welt um ihn veränderte, wird wirklich oft überstrapaziert, gerade wenn Veteranen sehr alt sind, wie die St.-Stephans-Linde in Klaus bei St. Wolfgang.

11,62 Meter Umfang und ihr nicht zu übersehendes Greisenalter machen die Winterlinde zu einem Ausnahmebaum. Und zwar zu einem Ausnahmebaum, dessen Umgebung auch einen Ausnahmewandel durchgemacht hat.

Das Leben dieser Linde begann als Kirchhoflinde auf einem Friedhof. Keine 30 Meter entfernt von der gotischen Stephanskirche. Vielleicht wurde die Linde beim Bau der Kirche gepflanzt, dann könnte sie tatsächlich bis zu 800 Jahre alt sein. Möglicherweise ersetzte sie einen Vorgängerbaum und käme so auf die jugendlichen 600 Jahre, die ihr manche Fachleute zugestehen. Wie auch immer, es gibt keinerlei schriftliche Zeugnisse, weder über die Pflanzung noch über die Jahre des Kirchbaus. Im Gegenteil: Nicht einmal die Stephanskirche ist noch da, deren Abriss 1813 beschlossen und nach sieben Jahren des Protests schließlich durchgeführt wurde – direkte Folge der umfassenden Enteignungen kirchlichen Besitzes durch das Kurfürstentum Bayern Anfang des 19. Jahrhunderts. Immerhin durfte die alte Linde bleiben, während der aufgelassene Friedhof schnell verfiel und schlussendlich ganz verschwand.

Die Bewohner der umliegenden Höfe konnten und wollten ihre verschwundene Kirche nicht völlig vergessen: Um 1830 errichteten sie eine kleine Stephanskapelle – direkt unter der Linde. Beim Abriss der Kirche wurden einige gotische Kragsteine gerettet. Heute blicken sie im Inneren der Kapelle die Besucher neugierig an.

Um 1900 herum wurde die Linde so stark zurückgeschnitten, dass ein zeitgenössischer Baumfotograf in ihr eine „Lindenruine" sah. Seitdem sind über 120 Jahre vergangen und dem alten Baum ist eine neue große Krone gewachsen. Bei meinem Besuch im Herbst 2022 kann von Ruine keine Rede sein. Überhaupt wirkt die alte Linde gut genährt und ich werde den Eindruck nicht los, dass die Hinterlassenschaften der zahlreichen Hühner, die unter dem Baum Auslauf finden, nicht ganz unbeteiligt sind.

Beim Schreiben dieser Zeilen stelle ich mir die Silhouette einer vergangenen Kirche vor. Denke an uralte Grabsteine, die einst dort aufragten, wo jetzt glückliche Hühner scharren. Schließlich frage ich mich, wie die Umgebung der Linde aussehen wird, wenn abermals über 100 Jahre vergangen sind. Wie? Vor allem wohl ganz anders!

BESINNUNGSBAUM

An jeder oberbayerischen Linde findet sich ein Kreuz. Auch wenn diese Redensart übertrieben ist, fiel mir doch bei meinen Touren auf, wie oft sich Symbole des christlichen Glaubens an alten Linden befinden. Sollte ausnahmsweise einmal kein Kreuz, keine Jesus- oder Marienfigur am oder unmittelbar neben dem Baum sein, so ist die Wahrscheinlichkeit hoch, dass die Altlinde zu einer Kapelle oder Kirche gehört.

Auch bei der beeindruckenden Linde am Ortseingang von Arndorf fällt das kleine Kreuz auf einem Steinsockel sofort auf. Was hat es mit dieser Häufung von religiös motivierten Flurdenkmälern auf sich? Tatsächlich ist längst nicht jedes Marterl, wie die kleinen Denkmäler noch genannt werden, mit einem bestimmten Ereignis verknüpft. Zwar wurden sie in der Vergangenheit auch deshalb aufgestellt, um Orte tragischer Unglücksfälle zu kennzeichnen oder um Dankbarkeit für göttliche Hilfe auszudrücken, aber viel öfter war die einzige Motivation, einen Platz der Besinnung und des Innehaltens zu schaffen.

Kaum verwunderlich, dass gerade alte Lindenbäume einladen, Orte der Kontemplation zu gestalten. Unter der Krone einer mächtigen Linde zu rasten, ist an sich schon ein Akt des Innehaltens. Schirmend und schattend beruhigen die Kuppelkronen großer Linden wie lichte Kirchengewölbe.

So gesehen sind Marterl faszinierend aktuell. Denn wir können sie gut gebrauchen, die Orte, die zur Ruhe rufen: in Zeiten, in denen jede Lebensminute potenziell optimierbar scheint, wo die Freizeit der Kleinsten durchgetaktet ist und die digital vernetzten Terminkalender der Großen überquellen.

Ich habe die Linde an einem Spätnachmittag im September fotografiert, ihren 7,60 Meter Umfang messenden Stamm dabei mehrmals umrundet, mich vom Baum entfernt und mich ihm wieder genähert. Habe Objektive gewechselt, ein Stativ auf- und dann abgebaut, mich sogar für ein Bild ins Gras gelegt. Nur auf der Bank unter der Linde bin ich nicht gesessen. Bei all dem beeilte ich mich. Das Tageslicht begann schon, nachzulassen, und es lagen noch 200 Kilometer Wegs vor mir. Während der Rückfahrt freute ich mich bereits auf das Sichten der Fotos dieser mächtigen Sommerlinde.

Jetzt beim Schreiben kommt mir die Holzbank wieder in den Sinn und das macht mich traurig. Ich glaube, an jenem Herbstabend hatte ich die stille Botschaft von Marterl und Baum überhört. Wenn ich wiederkomme, werde ich genau lauschen und innehalten.

Linde Arndorf

VARIABLE KÖRPERGRÖSSE

Die Schlosslinde von Erching ist eine außerordentlich präsente Baumpersönlichkeit. Je nach Blickwinkel wirkt die Winterlinde malerisch knorrig oder beinahe monströs. Das liegt weniger an ihrer Größe als vielmehr an den vielen abgestorbenen Ästen, die wie knöcherne Finger aus ihrer dichten Krone ragen.

Tote Äste? Bedeutet das, dass das Leben dieses urigen Lindengewächses zu Ende geht? Nicht unbedingt, denn es kann sein, dass dieser Baum in einer Lebensphase angelangt ist, in der er nicht größer, sondern kleiner wird. Den Bäumen geht es also ähnlich wie uns, denn wir verlieren ab dem 30. Lebensjahr durchschnittlich einen Zentimeter unserer Größe pro Jahrzehnt. Ursache sind vor allem das schwindende Volumen der Bandscheiben und eine stetig unvorteilhaftere Körperhaltung.

Bäume wachsen, solange sie leben, über und unter der Erde. Das garantiert einerseits ein hohes Regenerationsvermögen im Falle von Verletzungen, andererseits erwachsen daraus im Alter ganz eigene Probleme. Mit jedem Zentimeter Wachstum einer Zweigspitze in der Krone und mit jedem noch so kleinen Wurzelwachstum entfernen sich Blätter und Wurzelspitzen weiter voneinander. Der lebenswichtige Wassertransport von Wurzel zu Blatt kommt maßgeblich dadurch zustande, dass die Laubblätter Flüssigkeit verdunsten und dadurch Unterdruck in den Wasserleitungsbahnen erzeugen. Durch den Unterdruck wird Wasser von den Wurzeln nach oben gesaugt. Etwa so, wie wenn wir mit einem Strohhalm trinken.

Jetzt ahnen Sie es vielleicht: Mit zunehmendem Wachstum von Laub- und Wurzelkrone werden die unzähligen feinen Leitungsbahnen, also die Strohhalme, mit denen die Bäume bechern, immer länger.

Das macht für ältere, ausladende Bäume den Wassertransport immer aufwendiger und anfälliger. So, als nähmen wir uns vor, ab jetzt mit 30 Meter langen Strohhalmen zu trinken. Besonders bei geringer Wassersättigung des Erdreichs kann dies für die Bäume kritisch werden.

Bäume können sich also buchstäblich zu Tode wachsen und manchmal tun sie das auch. Besonders bei alten Linden und Eichen muss es nicht so weit kommen. Vor allem diese beiden Baumarten sind dafür bekannt, dass sie mit dem Näherrücken ihres 400. Geburtstags ihre Statur radikal verkleinern.

Kleine kompakte Kronen sitzen dann auf überproportional dicken Stämmen und sind von einem ebenfalls klein geschrumpften Wurzelwerk gut zu versorgen.

Die Schlosslinde an der Zufahrt zum Schlossgut Erching scheint sich gerade mitten in dieser Transformationsphase zu

befinden. Direkt am Stamm ist die Krone dicht belaubt, auch ein weit ausladender, abgestützter Ast ist noch am Leben, während gleichzeitig alle übrigen starken Kronenäste nicht mehr vorhanden sind.

Mit dieser Beobachtung enden alle eventuellen Parallelen zu menschlichem Längenverlust. Unsere Körpergröße halbiert sich schließlich nicht mit dem Eintritt ins Rentenalter.

PERSEPHONE AN DER AMPER

Der Spätnachmittag ging endgültig in den Abend über, als ich die riesenhaften Silberweiden an der Amper aufsuchte. Mit dem Fotografieren hätte ich mich also beeilen müssen, zumal zusätzlich unzählige Stechmücken zur Eile drängten.

Das alles konnte nicht verhindern, dass ich minutenlang die Weiden betrachtete, ohne die Kamera auch nur auszupacken. Die Bäume am Flussufer hatten mich mit ihrer Ausstrahlung völlig in den Bann geschlagen. Viel über die Mythologie der Weiden habe ich in diesen Momenten tiefer erfasst: Die scheinbare Widersprüchlichkeit, dass diese Bäume in der Antike gleichzeitig ein Symbol für Frühling und Neubeginn und eines für Trauer und Tod waren, löste sich beim Anblick der Weiden an der Amper für mich auf.

Plötzlich machte es für mich Sinn, dass die ebenso leicht wie düster wirkenden Riesen in der griechischen Mythologie mit Kore beziehungsweise Persephone in Verbindung gebracht wurden.

Hades, Herrscher der Unterwelt und bei Göttern und Menschen gleichermaßen unbeliebt, verliebte sich in die junge schöne Kore, Tochter der Demeter. Da Gott Hades wohl zurecht davon ausging, dass Kore ihm nicht freiwillig in die Unterwelt folgen würde, entführte er sie kurzerhand. Während Kore sich voll Gram in ihr Schicksal fügen musste und als Persephone an der Seite von Hades über die Unterwelt herrschte, protestierte ihre Mutter, Schwester des Zeus und wirkgewaltige Fruchtbarkeitsgöttin, entschieden und hinderte aus Verzweiflung und Wut alle Pflanzen auf der Erde am Wachsen. Schließlich musste Zeus eingreifen, denn die sich abzeichnenden Hungersnöte drohten, die gesamte Schöpfung in den Abgrund zu stürzen.

Ein Kompromiss wurde ausgehandelt, der vorsah, dass Persephone einen Teil des Jahres bei Hades zubringen sollte und den anderen Teil als Kore bei ihrer Mutter Demeter. In dem Augenblick, als Kore erstmals wieder aus der Unterwelt auftauchte, wurde die Erde grün und das Wachsen und Blühen begann – es wurde Frühling in der Welt der Menschen. Wenn Kore wieder als Persephone in die Unterwelt hinabstieg, setzte der Winter ein. So kamen die Jahreszeiten in die Welt.

Wenn auch Kore wieder wie vor der Entführung durch Hades unbeschwert über die sommerlichen Blumenwiesen tanzte, war sie doch für immer verändert. War auch die Persephone, die ins Reich der tiefsten Schatten und der Toten eingetreten war, die an Orten war, welche sich kein Sterblicher vorstellen konnte und von wo sonst niemand zurückkehrte. Dort, in der Unterwelt, soll Persephone in einem Hain aus Weiden gelebt haben. Ich stelle mir Persephones Weiden vor wie

die hier: Ehrfurcht gebietend groß und leicht gespenstisch wirkend, dicht am Ufer eines der Unterweltflüsse, von dem Aischylos im 5. Jahrhundert v. Chr. schreibt, dass auf ihm „das schwarz gekleidete Schiff mit dem schlaffen Segel sie zu dem unsichtbaren Land bringt, in dem Apollo nicht wandelt, dem sonnenlosen Land, das alle Menschen aufnimmt".

Die Weide als Baum der Kore und der Persephone, ein Übergangsbaum in die Unterwelt das musste im Mittelalter unausweichlich dazu führen, dass Weiden gemieden wurden. Man fürchtete alte hohle Weidenbäume als Wohnstatt von Dämonen und Hexen. Außerdem konnten sich Weiden manchmal auf höchst dubiose Weise vermehren: Aus scheinbar toten angeschwemmten Ästen erwuchsen neue Weidenbäume. In manchen Ländern des Nordens sollte nicht einmal Weidenholz verbrannt werden. Aus Verehrung war Furcht geworden.

Während es am Ufer der Amper rasch dunkel wurde, konnte ich beide verstehen – die Griechen und die Menschen des Mittelalters.

VON CHINA NACH KOTTGEISERING

Etwas pointiert beschreibt das, wie der exotische, rund 150 Jahre alte Maulbeerbaum von Asien ins schöne Oberbayern gekommen ist. Die Baumart Morus alba, oder Weißer Maulbeerbaum, war ursprünglich in China beheimatet. Wo genau in dem riesigen Land kann niemand mehr sagen, da die mittelgroßen Bäume dort seit über 5.000 Jahren vom Menschen angepflanzt und verbreitet werden.

Grund für das mittlerweile weltweite Vorkommen ist nicht der malerisch knorrige Wuchs, wie er charakteristisch für alte Maulbeeren ist, sondern Bombyx mori, ein großer, aber sonst eher unauffälliger Nachtschmetterling, dessen Raupen sich ausschließlich von Maulbeerblättern ernähren. Zur Vorbereitung ihrer Verpuppung bauen sich die immerhin bis zu zehn Zentimeter langen Larven Kokons, die sie mit ihrer Spinndrüse am Hinterleib aus einem einzigen Faden erzeugen. Der dünne Faden einer einzelnen Verpuppungshülle erreicht dabei eine Länge von maximal 900 Metern und wird abgewickelt und gesponnen zu Seide. Die feinen, daraus hergestellten Stoffe waren so wertvoll, dass sie schon in der Antike vom Reich der Mitte über Indien, Sri Lanka, Ägypten und Griechenland bis Rom gelangten – ein jahrhundertelang florierender und lukrativer Fernhandel, der die berühmte Seidenstraße entstehen ließ und erst im Mittelalter endete.

Nicht etwa, weil die höfischen Damen Seide weniger liebten als römische Patrizierinnen, sondern weil es im Jahr 550 erstmals gelang, lebende Seidenraupen aus China zu schmuggeln. Diese lebensgefährliche – da bei Todesstrafe verbotene – Aktion zweier Mönche brach das chinesische Seidenmonopol und ermöglichte die Zucht von Seidenraupen außerhalb Chinas.

In den folgenden Jahrhunderten kamen und gingen verschiedene Zentren der Seidenerzeugung. Zuletzt wurde Seide sogar in Preußen und Bayern hergestellt. Während Friedrich II. in Preußen rund eine Million Maulbeerbäume anpflanzen ließ – die unter Naturschutz stehenden Brandenburger Maulbeeralleen zeugen davon –, waren in Bayern auch Kirchen und Gemeinden angehalten, möglichst viele Maulbeerbäume zu setzen: „Es sei … eines jeden braven Bayers vaterländische Pflicht mitzuhelfen, dass von den großen Summen, die jährlich für Seide ins Ausland gehen, ein bedeutender Teil im Lande behalten werden könne“, war 1824 unter König Maximilian I. von Bayern zu vernehmen. Dieser Aufruf dürfte auch in Kottgeisering gehört worden sein.

Der bayrischen Seide war keine lange Karriere beschieden: Synthetikfasern und stetig steigende Lohnkosten machten die arbeitsintensive Seidenproduktion in Europa bald unrentabel.

Und während im 21. Jahrhundert China längst wieder zum größten Seidenproduzenten der Welt geworden ist, freue ich mich ganz besonders, dass in Kottgeisering ein alter Maulbeerbaum den Kirchhof von St. Valentin bewacht und uns hoffentlich noch lange von der bewegten Geschichte der abendländischen Seide erzählt.

INRI

WAHRES BAUMHEILIGTUM

Die Geschichte dieser Ausnahmelinde an der kleinen St. Stephans-Kirche in Puch reicht weit zurück, mindestens bis ins 11. Jahrhundert, in gewisser Weise sogar noch weit darüber hinaus in mystisch heidnische Zeiten.

Es heißt, im späten 11. Jahrhundert sei eine französische Prinzessin vom Hofe geflohen, um ihrer Verheiratung zu entkommen. Durch wundersame Fügung habe die Reise von Prinzessin Edigna bei genau dieser Linde, um die es hier geht, geendet. 35 Jahre lang soll die ehemalige Prinzessin als Einsiedlerin in der damals schon hohlen Linde gelebt haben und den Menschen der Umgebung Bildung und den christlichen Glauben vermittelt haben. Am 26.2.1109 sei die Einsiedlerin Edigna verstorben und die Linde soll ab diesem Zeitpunkt ein heilkräftiges Öl gespendet haben. Allerdings nur kurze Zeit, denn als man versuchte, mit dem wertvollen Elixier Handel zu treiben, sei die Lindenquelle für immer versiegt.

Eine mysteriöse Geschichte: Einerseits ist nichts über eine entlaufene französische Prinzessin überliefert, andererseits finden sich in der Legende recht konkrete Details: So soll Edigna die Bevölkerung im Lesen und Schreiben unterrichtet haben, was tatsächlich für eine gebildete adelige Herkunft spräche. Fast niemand sonst konnte im Mittelalter lesen und schreiben – Schätzungen gehen von 90 Prozent Analphabeten aus, selbst Kaiser Karl der Große konnte zwar lesen, was bereits als Leistung galt, aber kaum schreiben. Auf Frauen traf das erst recht zu. Überaus konkret ist auch ein leeres Grab, vor über 40 Jahren dort entdeckt, wo sich der Altarraum der Vorgängerkirche befunden haben muss. Wurden daraus einst Edignas Reliquien entnommen? Wer immer die geheimnisvolle Frau in der Linde war – sie muss ein spannendes Leben geführt haben, widersetzte sich einer Zwangsheirat, verließ ihre Heimat, lebte im Hochmittelalter alleine als Frau und war selbstbewusst genug, ihr unbekannte Menschen zu unterrichten. Ein eigenverantwortliches Leben in einer Zeit und Umgebung, in der das schwierig bis gefährlich war.

Ab etwa 1550 lassen sich Wallfahrten nach Puch nachweisen. Mit dabei sind regelmäßig Frauen des Hochadels wie Elisabeth von Lothringen oder Eleanore von Mantua. Flohen sie aus der Enge des höfischen Lebens zu Edigna von Puch, weil die Frau in der Linde für Mut und Hoffnung auf weibliche Selbstbestimmung stand?

Heiligenlegenden, bei denen (dünne) historische Tatsachen und üppige Ausschmückung Hand in Hand gehen, gibt es etliche. Aber diese Geschichte unterscheidet sich deutlich von anderen Heiligenlegenden: Die Verehrung der Edigna von Puch blieb immer regional begrenzt, obwohl im Lauf der Jahrhunderte der Ort häufig prominenten Wallfahrerbesuch erhielt. Konnte man Edigna vielleicht nur in Puch, genauer gesagt, nicht ohne die Linde verehren? War die Linde möglicherweise weit mehr als die Wohnstätte einer Heiligen und warum ist die selige Edigna so eng mit der Linde verbunden?

Ob im antiken Griechenland, in Rom, bei den Kelten oder Germanen, ob sie Dryaden, Baumseelen oder Elfen genannt wurden – der Glaube an untrennbar an Bäume gebundene Naturgeister war in heidnischer Zeit weit verbreitet und endete keinesfalls mit der Christianisierung. Noch aus dem 13. Jahrhundert sind bischöfliche Verbote erhalten, die die Anbetung von Bäumen explizit untersagen. Einzelne Baumheiligtümer wurden geweiht und sozusagen mitchristianisiert, weil die Bevölkerung einfach nicht von ihnen lassen wollte. Später sollte sich daraus die bis in die Gegenwart reichende Tradition der Kirchhoflinden und Baummarterl entwickeln. Ist es denkbar, dass die Jungfrau in der Linde ein christlich umgedeuteter Baumgeist ist, dass die Edigna-Linde (auch) als Wohnstatt einer weiblichen Baumgottheit wahrgenommen und folglich als Baumheiligtum verehrt wurde?

Mich durchrieselt ehrfürchtiger Schauder bei dem Gedanken, dass diese Linde, die sich, nebenbei gesagt, gerade eine Kapelle einverleibt, ein einmaliges erhaltenes heidnisches Baumheiligtum sein könnte: eines, das unvorstellbare Zeiträume überdauert hat und gleichsam durchgehend angebetet wird.

Die Beweislage dafür ist dürftig, der Baum müsste in diesem Fall über 1.000, vielleicht sogar 1.200 Jahre alt sein. Ein solches Alter wäre auch für eine Linde außergewöhnlich und beweisen wird sich das kaum lassen. Aber zwei bemerkenswerte Details sind mir bei meinen Recherchen aufgefallen und könnten auf ein extrem hohes Alter der Edigna-Linde hindeuten: 1624 schreibt der Jesuit und Historiker Matthäus Rader, dass die Linde, in der die heilige Edigna verehrt worden sei, noch stehe. Es ist dieses Wörtchen „noch". Steht ein Baum vor 400 Jahren „noch", dann war er damals schon alt und der Chronist hält es für bemerkenswert, darauf hinzuweisen, dass er überhaupt noch da ist. Eine seitdem erfolgte Nachpflanzung bezweifle ich, sie wäre an so prominenter Stelle dokumentiert. Auch erhaltene Abbildungen des Baumes könnten ein Hinweis darauf sein, dass die Linde außergewöhnlich alt ist: Seien es Zeichnungen aus dem 19. Jahrhundert oder Fotografien um 1900, die ehrwürdige Sommerlinde wirkt stets greisenhaft und scheint sich in den vergangenen 150 Jahren kaum verändert zu haben.

Falls mit der Edigna-Linde tatsächlich eine heidnische Weihestätte überlebte und falls eine entflohene Adelige tatsächlich in ihr wohnte, dann könnte es doch auch so sein, dass die mittelalterliche Powerfrau gerade deshalb die Linde bezog, weil diese ein verehrtes Heiligtum war. Das nötige Maß an Selbstsicherheit dürfte Edigna besessen haben. Vielleicht verschmolzen so im Laufe der Jahrhunderte die katholische Selige und die germanische Baumseele untrennbar miteinander und hielten ein wahres Baumheiligtum lebendig.

MÄRCHENLINDE

Auf den ersten Blick wirkt die Linde gar nicht sonderlich märchenhaft. Mit ihrem Stammumfang von gerade einmal vier Metern und einer Höhe von 30 Metern entspricht der schlanke Baum nicht eben der Idealvorstellung eines Märchen- oder Fantasiegeschöpfes.

Fairerweise muss ich einräumen, dass die Linde in der Literatur auch nicht Märchen-, sondern Königslinde genannt wird. Da es sich bei besagtem König um den bayerischen Märchenkönig Ludwig II. handelt, könnte man sich vielleicht auf Märchenkönigslinde einigen.

Denn dass diese auf 430 Jahre geschätzte Linde den Bau von Schloss Linderhof und da vor allem die Anlage der imposanten Terrassengärten, deren Teil sie ist, überlebt hat, finde ich, ist eine märchenhaft glückliche Fügung.

Es berührt mich, wie eng die Geschichte des weltberühmten Schlosses im Graswangtal mit dieser Linde verbunden ist. Es fängt schon damit an, dass der Bauernhof, der ursprünglich den Bauplatz des Schlosses einnahm, der

Linderhof war – benannt nach der damals bereits 300 Jahre alten Linde. Ein 1790 gebautes Bauernhaus direkt neben dem Linderhof hatte bereits Max II. von Bayern, Ludwigs Vater zum luxuriösen Jagdhaus umgebaut. Es ist überliefert, dass Ludwig II. zeitlebens eine hohe emotionale Bindung zu dem Ort hatte – vielleicht auch als äußerer Ausdruck seiner Sehnsucht nach dem Vater, Ludwig litt sehr unter der distanzierten und kühlen Beziehung zu seinem Vater, der mit dem fantasievollen und sensiblen Thronfolger offenbar wenig anfangen konnte. Als 1864 nach dem plötzlichen Tod von König Max der gerade 18 Jahre alte Ludwig völlig unvorbereitet Regent von Bayern wurde, begann dieser bald Refugien außerhalb der ihm verhassten Hauptstadt Münchens zu planen.

So rückte auch das Jagdhaus im Graswangtal in den Fokus. 1869 begannen erste Ausbauarbeiten am Jagdhaus, das übrigens im Zuge des später erfolgenden Schlossbaus nie abgerissen, sondern abgetragen und 200 Meter vom Schloss neu aufgebaut wurde. 1874 war die Außenansicht des Schlosses so weit fertig, wie wir das Schloss heute kennen, und es hoben die gewaltigen Erdarbeiten für den Park an. Ludwig selbst hatte starken Anteil an den Planungen des Parks und verfügt, dass die namensgebende Linde zu erhalten und in die Anlage zu integrieren sei. Keine Selbstverständlichkeit im 19. Jahrhundert und sicher nicht ganz einfach, wenn man einen Blick auf die historische Fotografie der Baustelle wirft.

Selbstverständlich sollte auch das neue Schloss den Namen tragen, der für den jungen Herrscher so bedeutsam war: Linderhof.

Die Linde im Park spielte bei den häufigen Aufenthalten des Königs eine wichtige Rolle. Tatsächlich verweilte der Monarch in Schloss Linderhof länger als in den beiden noch berühmteren Schlössern Herrenchiemsee und Neuschwanstein zusammen. Ludwig II. ließ in die Linde sogar einen Freisitz einbauen, in dem er viele Stunden verbrachte.

Insgesamt 22 Jahre regierte der zunehmend menschenscheue Ludwig. Es waren politisch unruhige Zeiten, in die seine Regentschaft fiel: 1866 verlor sein Land den Deutschen Krieg, und 1871 wurde Bayern nicht ganz freiwillig Teil des neu gegründeten Deutschen Reichs. Es hätte wohl einen starken Landesvater als König gebraucht, einen, der Halt und Sicherheit gibt. Statt das zu sein, zog sich Ludwig mehr und mehr aus der Politik zurück, konzentrierte sich immer fanatischer auf seine Schlossbauten, deren Baukosten allmählich jeden Rahmen sprengten. Unverständnis und Sorge von Seiten des Parlaments ließen die Machtbasis des Königs stetig schrumpfen.

Am 13.6.1886 endete die Ära des schließlich abgesetzten und entmündigten Märchenkönigs tragisch mit seinem Freitod im Starnberger See. Seine Schlösser Linderhof, Herrenchiemsee und Neuschwanstein gehören heute zu den meistbesuchten Sehenswürdigkeiten Deutschlands – es läuft das Antragsverfahren, sie als architektonisch wahr gewordene Träume in die Liste des UNESCO-Welterbes aufzunehmen. Späte Anerkennung für das Vermächtnis eines überforderten und schwärmerischen Märchenkönigs, der vielleicht einige seiner wunderlichsten Bauvisionen unter dem Blätterdach einer Linde hatte.

Linde Ohlstadt
47.642598, 11.235947

WEGGEPACKTE WERTSACHEN

Ich hatte mich sehr auf die Linde beim Fieberkirchl in Ohlstadt gefreut. Zahlreiche Legenden ranken sich um den Ort. Vor der malerischen Linde mit ihrem über sechs Meter Umfang messenden Stamm befindet sich ein altes Steinmonument, das als Teufelssäule bekannt ist. Im 17. Jahrhundert soll sich hier eine wundersame Geschichte zugetragen haben.

1668, so wird erzählt, eilte Pater Alipius Miller zu einem Sterbenden, um ihm die Sakramente zu erteilen. Eine dunkle Macht und undurchdringliche Düsternis sollen genau an dieser Stelle versucht haben, ihn von seinem Vorhaben abzuhalten. Unerschrocken habe der Pater um göttlichen Beistand gefleht und die Errichtung einer Gedenksäule gelobt, so die Finsternis weiche.

Was auch immer damals geschah, die Säule wurde errichtet und schmückt den Platz noch heute. Ich nehme an, dass Pfeiler und Linde etwa gleich alt sein dürften. Bei meinem Besuch konnte ich mir davon allerdings keine eigene Vorstellung machen. Ein Holzverschlag schützte die alte Steinsäule vor den Unbilden des Winters und entzog sie meinen neugierigen Blicken. Im ersten Moment (und ehrlich gesagt ebenso im zweiten) war ich maßlos enttäuscht. Eine wunderschöne Winteridylle und die mysteriöse Steinsäule weggepackt.

Genaugenommen ist das sehr konsequent und macht es die Linde nicht viel anders. Perfekt an die kalten Monate angepasst, hat auch sie alles Wertvolle vor

dem Winter geschützt und kommt selbst ohne zusätzliche Holzverschalung aus.

Es ist beachtlich, was ein Baum leistet, wenn er sich im Herbst konsequent einwintert: Das Laub wird abgeworfen, um dem Schnee weniger Angriffsfläche zu bieten und bedeckt als natürliche Isolierung den Wurzelbereich. Die wasserführenden Bahnen im Stamm und in den Ästen werden ähnlich wie Gartenwasserleitungen abgelassen, damit sie bei Frost nicht platzen. Die größte Herausforderung aber sind die vielen lebenden Zellen in Rinde und Knospen, die nicht einfach trockengelegt werden können. Die geniale Lösung besteht im konsequenten Einsatz von Zucker im Zellsaft. Sehr zur Freude der Rehe im Wald: Für sie sind die süßen winterfest gemachten Knospen ein Leckerbissen.

Übrigens fehlt Bäumen aus südlichen Gefilden dieser eingebaute Frostschutz, sodass ihr Zellsaft bei Minustemperaturen gefriert. Schwere Frostschäden bis hin zum Tod der Pflanze sind die Folge. Deshalb werden ausgepflanzte Hanfpalmen und Feigenbäume in unseren Wintern mit Schilfmatten und Holzverschlägen geschützt, ganz so wie die Teufelssäule.

SCHATTENKÖNIGIN

Ja, die Rotbuche ist einer der durchsetzungsstärksten Waldbäume Mitteleuropas. Auf den meisten Böden gedeihend, solange diese nicht allzu nass oder staubtrocken sind, ist vor allem die Schattentoleranz der Rotbuche legendär. Gelangen nur noch zehn Prozent des Tageslichts bis zum Waldboden, so wachsen junge Buchen recht problemlos heran. Selbst bei zwei Prozent Restlichtstärke – da ist es dann schon ziemlich dunkel – können Jungbuchen längere Zeit überleben, auch wenn sie dann kaum Zuwachs zeigen. Kein anderer einheimischer Waldbaum verfügt über diese Fähigkeit. Das hat Konsequenzen für lichtbedürftigere Waldbewohner: So sollten beispielsweise uralte Waldeichen, deren Wurzelraum über Jahrhunderte durch Waldweidewirtschaft von Unterwuchs freigehalten wurde, heute durch Forstmaßnahmen vor nachwachsenden Buchenrowdies geschützt werden. Unterbleibt dies, erreichen die Buchen binnen Jahrzehnten die Höhe der greisen Eichen, engen deren Kronen ein und bringen sie durch Lichtentzug langsam, aber unausweichlich zum Absterben. Umgekehrt beeindruckt die von einer Eiche ausgehende Beschattung eine Jungbuche gar nicht.

Heikel wird es für alte Buchen dagegen, wenn plötzlich kein Schatten mehr da ist. Ihre silbrige dünne Borke kann die Stämme kaum vor sengenden Sonnenstrahlen schützen. Deshalb reichen die Äste freistehender Buchen fast immer bis zum Boden und sorgen so für die lebenswichtige Selbstbeschattung der Buchen. Stellt man alte Waldbuchen durch Fällen der Nachbarbäume plötzlich frei oder astet vermeintlich zu ausladend gewordene Rotbuchen an Straßen bis hoch in die Krone hinauf aus, kommt dies fast immer einem Todesurteil gleich: Im Sommer steigen die Temperaturen in den empfindlichen Gewebeschichten unter der Rinde so stark, dass es zu irreparablen Schäden kommt. Es dauert dann nur wenige Jahre, bis die zunehmend geschwächten Bäume vertrocknen oder von holzzerstörenden Pilzen befallen werden.

Es wird gemunkelt, dass hin und wieder Buchen, die aufgrund einer Baumschutzverordnung nicht gefällt werden dürfen, aber dennoch irgendeinem Bauvorhaben im Weg sind, einen so brutalen Rückschnitt erfahren, dass man die anschließend dahinsiechenden Bäume nach einigen Jahren „guten Gewissens" fällen kann, ja sogar muss.

Die rund 300 Jahre alte Buche von Vilgertshofen hat auch einen Rückschnitt erfahren, aber nicht um ihr Leben zu verkürzen. Ganz im Gegenteil: 2021 ergab eine Untersuchung des Naturdenkmals einen sich stetig vergrößernden

vertikalen Riss im Stamm. Untrügliches Zeichen dafür, dass sich die große Buche in ihrem letzten Lebensabschnitt befindet und vielleicht schon der nächste Sturm den Baum der Länge nach spalten wird. Um das Leben der Altbuche zu verlängern, hat man die schwersten Äste stark eingekürzt und mit Gurten zusammengehängt. Viele tief ansetzende Äste, die den Stamm beschatten, hat man der Greisin gelassen. Gut so! Und doch macht es mich traurig, zu sehen, wie die Buche ihrer Krone und damit ihrer Schönheit und Würde beraubt wurde. Vielleicht wäre es respektvoller, den alten Baum unter der Last von drei Jahrhunderten zusammenbrechen zu lassen – dann, wenn im wilden Sommergewitter die Elemente toben.

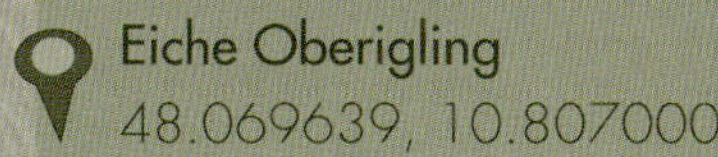

Eiche Oberigling
48.069639, 10.807000

GUT GETROFFEN

Als die Germanen dem Donar, so hieß der donnernde mächtige Beschützer der Welt, die Eiche weihten, haben sie vielleicht ähnliche Eichen vor sich gehabt wie diese hier: einen 22 Meter hohen Riesen mit 7,60 Meter Stammumfang auf dem parkartigen Golfplatz des Golfclubs Schloss Igling.

Hoch überragt die alte Stieleiche die parkartige Umgebung und beschirmt mit ihrer sehr unregelmäßigen Krone einen alten Haselstrauch direkt an ihrem Stamm.

Stürme und Gewitter haben den zerklüfteten Baum gezeichnet, baumstarke Äste aus der Krone gerissen und vor allem ein riesiges Loch mit einem Durchmesser von über einem Meter verursacht. Die Lebenskraft der alten Stieleiche scheint dennoch ungebrochen. Archaische Kraft und deutlich sichtbare Vergänglichkeit treffen hier zusammen.

Vielleicht ist eine ähnliche Wirkung von den Baumheiligtümern der Kelten und Germanen ausgegangen. Der Gedanke, dass die tiefe dunkle Höhle im Stamm ein Tor zur keltischen Anderswelt sein könnte, erscheint mir gerade gar nicht sehr abwegig.

Möglicherweise stand Prentice Mulford vor einem ähnlichen Baum, als er vor fast 150 Jahren seine berühmten Zeilen schrieb: „Glücklich der Mensch, der Bäume liebt, besonders die großen, freien, die wild wachsen an der Stelle, wo die unendliche Kraft sie gepflanzt hat, und die unabhängig geblieben sind von der Fürsorge der Menschen.“ Seitdem hat sich die Welt gewandelt. In einer zunehmend dicht besiedelten Umwelt benötigen gerade die alten Baumveteranen Fürsorge. Diese Eiche hat es gut getroffen. Die Wasserversorgung ist gewährleistet und das weitläufige Golfareal sichert ihr genügend Kronen- und Wurzelraum für Jahrhunderte.

DIESMAL OHNE KIRCHE

Die Wallfahrtskirche St. Marinus und Anian in Wilparting ist ein toller Anblick, der mir bei meinem Besuch gleich unerwartet bekannt vorkam. Das beeindruckende Bilderbuchmotiv – kleine Kirche plus große Berge – erschien mir geradezu vertraut – vermutlich den zahllosen Kalenderblättern geschuldet, auf denen dieses oberbayerische Idyll zu sehen ist. Ja, die schmucke Barockkirche vor der majestätischen Kulisse der Alpen ist eines der bekanntesten bayerischen Fotomotive.

Der Platz, an dem die Grabeskirche des St. Marinus und des Diakons Anianus steht, gehört außerdem zu den ersten christlichen Kultstätten Bayerns. Ich mag Orte, deren Geschichte so weit zurückreicht, dass sie sich untrennbar mit Mythen und Legenden verbindet. Im 7. Jahrhundert heißt es, sei ein irischer Mönch mit seinem Neffen von der Grünen Insel nach Rom gepilgert, um die Menschen zu unterrichten und das Christentum zu verbreiten. Papst Eugen I. habe ihn zum Wanderbischof geweiht, den apostolischen Segen erteilt und ihn in das Land nördlich der Alpen, also Richtung Oberbayern gesandt. Im heutigen Wilparting habe er sich niedergelassen und 40 Jahre lang sein Wissen und seinen Glauben mit den Menschen geteilt. Unterstützung fand er dabei durch besagten Neffen Anianus, der wenige Wegesminuten entfernt seine Niederlassung hatte.

Der Legende nach fiel der betagte Marinus am 15.11.697 einer Horde plündernder Vandalen zum Opfer. Just in seiner Todesstunde soll Anianus eines natürlichen Todes gestorben sein. Auch wenn die Vandalen nach neuerer Forschung eher Slawen waren und die beiden Mönche wohl nicht aus Irland, sondern aus Frankreich stammten, ist es faszinierend, dass die beiden Heiligen seit weit über 1.000 Jahren nachweislich an diesem Platz verehrt werden. Dazu passt auch, dass im Turm der Kirche die vielleicht älteste intakte Kirchenglocke Deutschlands läutet. Natürlich werden deren Seile von Hand und ohne elektrisches Geläut gezogen.

Was bei all dem etwas untergeht, ist, dass keine 50 Meter von der Kirche entfernt eine der ältesten und beeindruckendsten Uraltlinden Oberbayerns steht: Der Legende nach war die Marinuslinde schon vorhanden, als Marinus hier in der Waldeseinsamkeit bei Irschenberg hauste. Das darf zwar bezweifelt werden, aber vielleicht kratzt die auf ein Alter von mindestens 700 Jahre geschätzte Sommerlinde sogar an der magischen 1.000-Jahr-Grenze. Bei einem Stammumfang von über zehn Metern liegt das im Bereich des Vorstellbaren. Ihr Stamm besteht fast nur noch aus knorrigen Fragmenten und ihre Krone ist längst nicht mehr die ursprüngliche. Wie oft mag diese Sommerlinde ihre Kronenäste

schon verloren und wieder neu aufgebaut haben? Ich vermute, mehr als einmal. Seit wann ist ihr Stamm hohl? Wahrscheinlich seit Jahrhunderten. Und wie viele Wallfahrer werden im Schatten dieser Linde schon gerastet haben? Ich wage keine Schätzung.

Offenbar gibt es eine stille Übereinkunft zwischen St. Marinus und der Marinuslinde: Beide bewahren einen Großteil ihrer Geheimnisse für sich und beide tun den Menschen Gutes und das schon seit sehr langer Zeit. Das ist spürbar: unter der Linde und in der Kirche.

Vielleicht hätte ich die Kirche doch fotografieren sollen.

LANDKREIS MIESBACH

Linden Gasse Gmund

47.741420, 11.750060

HERZBLÄTTER

Es war ein eher kühler Tag Anfang Oktober 2022, als ich die Sommerlinden in Gasse, fast in Sichtweite des Tegernsees, besuchte. Obwohl ich durch meine Recherchen durchaus darauf vorbereitet war, dass die beiden rund 400 Jahre alten Linden sehr verschieden aussehen würden, war ich doch überrascht, wie verschieden zwei Bäume wahrscheinlich gleichen Alters, gleicher Art, auf ähnlichem Standort und keine 100 Meter voneinander entfernt sein können.

Der Stamm der größeren der beiden Linden mit einem Umfang von fast neun Metern wirkt aus der Nähe wie eine massive und dabei vergleichsweise glatte Wand. Eine nahe Sitzbank wird von ihr zum Spielzeug degradiert.

Ganz anders die etwas „dünnere“ Linde: Leicht drehwüchsig und übersät mit Wülsten und Leisten ist sie der weit malerische Baum.

Natur ist immer auch Vielfalt. Seit vor unvorstellbaren 3,8 Milliarden Jahren das Leben auf der Erde entstanden ist, stimmt

diese Aussage der Evolutionsbiologie, und die beiden Bäume illustrieren das sozusagen im XXL-Format. Dabei endet die Vielfalt hier beileibe nicht bei den Stämmen und Kronen, es fallen auch keine zwei exakt identischen Lindenblätter von den vor Jahrhunderten gepflanzten Linden. Wie anders sehen erst die Blätter anderer Baumarten aus?

Warum sind die schönen Laubblätter der Linde herzförmig und gezähnt und die der Eiche gebuchtet? Von den gefiederten Blättern der Esche und den gelappten Ahornblättern ganz zu schweigen.

Interessanterweise haben die Biologen bis heute nur einige Teilantworten. Als gesichert gilt, dass die Blattformen viel mit dem natürlichen Lebensraum des jeweiligen Baums zu tun haben. So haben die Urwaldriesen am Amazonas fast durchweg glattrandige und ovale Blätter mit lang ausgezogener Spitze, um die enormen Regenmengen effektiv abzuleiten. Auch wird nicht angezweifelt, dass bei Waldbäumen wie der Buche die Schattenblätter größer sind als Blätter, die dem vollen Sonnenlicht ausgesetzt sind.

Sie merken es wahrscheinlich schon – all das erklärt nicht wirklich, warum die Blätter unserer Bäume so unfassbar vielfältig sind.

Heute gehen Genetiker davon aus, dass es einige sehr variabel gesteuerte Gene sind, die bei einer Pflanze das Wachstum der Zellen am Blattrand steuern. Ist beim Heranwachsen des Laubblatts die Teilungsfähigkeit der Zellen an einer Stelle hoch und in unmittelbarer Nachbarschaft gering, so entstehen durch das asymmetrische Wachstum erst ein gewellter Rand und schließlich ein Blatt mit Buchten wie bei der Eiche. Ist gerade an der Spitze des sich entwickelnden Blattes die Teilungsaktivität der Zellen hoch, so wird das Blatt mit einer deutlichen Spitze versehen wie etwa bei der Sommerlinde. Da diese Gene bei verschiedenen Baumarten unterschiedlich ausfallen und sogar am gleichen Baum nicht für alle Blätter identisch gesteuert werden, gleicht auch kaum ein Blatt exakt dem anderen.

Der Sinn dieser ungeheuren Verspieltheit liegt für die Bäume vermutlich darin, ihre Blätter so variabel zu halten, dass diese im Laufe der Unwägbarkeiten der Erdgeschichte auf jedwede Veränderung der Umweltbedingen vorbereitet sind.

Wer weiß, vielleicht sehen in 100.000 Jahren die Blätter an den Bäumen einer Linde aus wie Rotbuchen- oder Spitzahornblätter. Ob bis dahin allerdings noch Nachkommen des heute lebenden Menschen existieren und über Blattformen nachdenken? Ich für meinen Teil habe da gewisse Zweifel.

HERR DER BERGE

Nicht weniger als 200 Ahornarten unterscheiden die Biologen – und einige davon bringen es zu weltweiter Berühmtheit. Die Zuckerahornbäume Kanadas haben es nicht nur auf die kanadische Flagge, sondern über den Ahornsirup auch in unsere Supermarktregale geschafft; und vom Land der aufgehenden Sonne aus erobern die unzähligen Sorten des Fächerahorns unsere Gärten. Gibt es ein einziges Gartencenter, in dem kein Japanischer Ahorn angeboten wird?

Die hiesigen Ahorn-Superlative beginnen, sobald man das Maßband an Ahornbäume legt oder sich mit der Frage befasst, wie alt ein Ahorn werden kann. Dann werden auch die gewaltigen nordamerikanischen Rotahornbäume von unseren alteingesessenen Bergbewohnern in ihre Grenzen verwiesen.

Herr der Berge, so nennt man respektvoll den einheimischen Bergahorn, die größte Ahornart überhaupt. Der Riese hier an der Kriegerkapelle Schweinthal in Miesbach hat einen Umfang von 5,25 Metern und ist damit noch lange nicht der mächtigste Bergahorn der Welt. In den Schweizer Alpen wächst ein Patriarch mit einem Stammumfang von fast neun Metern, der auf ein Alter von über 500 Jahre geschätzt wird: Weltrekord.

Dabei ist es höchst unfair, den in den Alpen so verbreiteten Weidebaum auf Größen- und Altersrekorde zu reduzieren. Die wenigsten Menschen wissen, dass Bergahorn unter ganz bestimmten Umständen zu den teuersten Hölzern der Welt zählt.

Furnierholzunternehmen zeigen großes Interesse am astfreien Bergahorn. Wenn das Holz obendrein einen sogenannten Riegelwuchs zeigt, ein streifenförmiges Quermuster im Holz senkrecht zur Maserung, dann wird Ahornholz richtig teuer: Ein ungefähr 75 Zentimeter dicker und gut 8,50 Meter langer Bergahornstamm brachte es im Jahre 2012 sogar zum Titel „Teuerster Baum Europas“. Immerhin 61.537 Euro musste vom Furnierwerk bezahlt werden. Übrigens wurden die obersten 1,20 Meter des Stammes zu Geigenböden, während der Rest als Furnier das Innere einer Moschee in Katar auskleidet. So hochwertig das Holz auch verarbeitet wurde, glaube ich doch, dass wir mehr davon hätten, wenn der mittlerweile über 140 Jahre alte Bergahorn noch leben würde. Denn die globale Erwärmung trifft die Bergahornbäume härter als viele andere einheimische Bäume: Sie benötigen zum guten Gedeihen feucht-kühle Luft und vertragen sommerliche Trockenheit nur schlecht.

So freue ich mich umso mehr über jeden geradstämmigen Bergahorn, den ich lebendig und nicht als Furnierholz im Inneren von Sakralbauten antreffe.

Linde Hof Berg
48.181630, 12.434843

WIE ALT?

Diese Frage in Zusammenhang mit Bäumen bezieht sich eigentlich immer darauf, welches mehr oder weniger beeindruckende Lebensalter ein besonderer Baum erreicht hat.

Im Falle der 9,10 Meter Umfang messenden Linde am Hof Berg bei Kraiburg am Inn dürften das mindestens 500, manch einer vermutet sogar 800 Lebensjahre sein.

So weit, so gut. „Wie alt?" könnte aber auch danach fragen, wie alt die entsprechende Baumart ist. Oder anders ausgedrückt: Seit wann gibt es Linden? Okay, Sie als Leserin oder Leser werden vermutlich jetzt den Kopf schütteln, ist es doch etwas weit hergeholt, die Frage so zu verstehen. Gleichwohl will ich in diesem Sinne antworten, einfach weil ich persönlich die Geschichte sehr spannend finde.

Um die Katze gleich aus dem Sack zu lassen: Die rund 22 Lindenarten, die es weltweit gibt, zwei davon in Deutschland, sind evolutionsbiologisch sehr alte Baumarten. Bereits vor knapp 70 Millionen Jahren wuchsen im hohen Norden, vor allem in Grönland und Spitzbergen, die ersten Linden. Rund um die Arktis herrschten damals Temperaturen, wie wir sie heute in Mitteleuropa kennen. Fast überall sonst auf der Welt war das Klima subtropisch und tropisch: nicht verwunderlich bei globalen Durchschnittstemperaturen, die rund 8 bis 15 Grad Celsius höher lagen als heute.

Die Wälder des nördlichen Polarkreises waren dabei sehr artenreich, wie Linden, Buchen, Eichen, Walnuss, Eschen, Ulmen usw. Kurz, alle heute bei uns einheimischen Baumarten wuchsen dort und zusätzlich etliche, die in Mitteleuropa schon lange ausgestorben sind: zahlreiche Magnolienarten, Tulpenbäume, Mammutbäume und viele mehr.

Erst als sich vor rund 30 Millionen Jahren das Klima langsam abzukühlen begann, breiteten sich die vor Vielfalt strotzenden arktischen Wälder allmählich nach Süden aus und damit auch bis ins heutige Deutschland.

Der üppigen mitteleuropäischen Waldesvielfalt sollte allerdings keine allzu lange Zeitspanne beschieden sein. Denn die Temperaturen sanken langsam, aber kontinuierlich weiter, auch wenn diese immer noch etwas höher lagen als heute.

Mit der Vergletscherung der Arktis kündigten sich vor knapp drei Millionen Jahren die sogenannten Quartären Eiszeiten an, die im Wechsel mit kürzeren Warmzeiten seitdem den Tieren und Pflanzen Europas das Leben schwer machen. Mal waren Teile Deutschlands für viele Jahre von kilometerdicken Gletschern bedeckt, mal war es für 15.000 Jahre ungefähr so wie heute – dann wieder die nächste Abkühlung für

Zehntausende von Jahren. Dieses Wechselbad von rund 20 längeren Kalt- und kürzeren Warmzeiten hat es den Wäldern nicht leicht gemacht.

Es lässt sich kaum genau feststellen, wie oft Linde, Eiche, Hasel und Co. vor der Kälte bis zum Schwarzen Meer zurückwichen und wie oft und beharrlich sie wieder ins heutige Deutschland zurückkehrten.

Und heute? Seit ca. 11.700 Jahren leben wir in einer Warmzeit – eigentlich eingekeilt zwischen der zurückliegenden und der nächsten Eiszeit. Theoretisch sollte also in knapp 4.000 Jahren wieder eine Kaltzeit einsetzen. Wird sie durch die globale Erwärmung möglicherweise ausfallen und sollten wir in Deutschland irgendwann wieder subtropische Temperaturen wie vor 50 Mio. Jahren erhalten?

Zumindest die Linden wüssten, was sie zu tun haben: Sie würden wieder in Grönland wachsen, dort, wo sie einst herkamen.

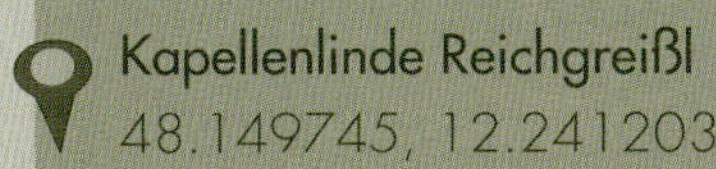

KOMPAKTES WUNDER

Ehrlich gesagt war ich ein wenig enttäuscht, als ich die Linde von Reichgreißl das erste Mal erblickte. Eine frei stehende Kapellenlinde, deren Alter auf über 300 Jahre geschätzt wird, hatte ich mir wahrlich imposanter vorgestellt. Beim Näherkommen tauchte ein Baum auf, der mit seiner bescheidenen Höhe von sechs Metern immerhin die kleine Kapelle überragte. Das Bäumchen trug eine kompakte, ausgesprochen dicht belaubte und fast kugelförmige Krone, die völlig frei von dicken Ästen schien.

Ja, diese Linde könnte nach Form und Größe ihrer Krone eher 30 als 300 Jahre alt sein, zumindest bis ihr Stamm ins Blickfeld kommt. Denn der ist massiv und so dick, dass sein Umfang ungefähr der Gesamthöhe der Linde gleichkommt! Das gibt der Sommerlinde ein fast groteskes Aussehen, als hätte man ein unscheinbares Straßenbäumchen in die Muckibude geschickt und mit Anabolika gedopt.

Spätestens hier nötigt mir die Linde, bei der Stamm und Krone so gar nicht zusammenpassen, Bewunderung ab. Denn das, was dieser Baum 2007 erlebt oder besser überlebt hat, hätte leicht sein Ende bedeuten können. Damals verlor die Kapellenlinde im Sturm ihre komplette Krone. Auf einem Foto von 2008 macht die gekappte Stammruine einen traurigen Eindruck.

Der Baumfreund Dr. Helmut Wiedemann besuchte und fotografierte zahlreiche Bäume unserer Heimat über viele Jahrzehnte hinweg und überließ mir großzügig sein umfangreiches Fotoarchiv. In diesem wertvollen Schatz habe ich die Bilder der Kapellenlinde aus den Jahren 2001 und 2008 entdeckt.

Seitdem ist der Linde eine neue, sogenannte Sekundärkrone gewachsen. Auch sehr alte Linden können auf diese Weise schwerste Schäden überleben. Viel eher als die meisten anderen einheimischen Baumarten. Vor allem für die sonst so durchsetzungsstarken Rotbuchen wäre eine derartige Beschädigung das sichere Todesurteil.

Wie alt kann die Linde noch werden? Das ist schwer zu sagen, unter optimalen Bedingungen können das noch mehrere Jahrhunderte sein. Sollte das der gekappte Baum doch nicht schaffen, so steht an der Rückseite der Kapelle schon eine jüngst gepflanzte Nachfolgerin in den Startlöchern. So oder so wird also die Geschichte der Kapellenlinden in Reichgreißl weitergehen.

STADTREKORD

Bäume in Städten, vor allem in sehr großen Städten, haben es nicht leicht, ein wirklich hohes Alter zu erreichen. Das gleich aus mehreren Gründen: Zum einen finden Stadtbäume durch Bodenversiegelung und geringe Luftfeuchtigkeit so schwierige Lebensbedingungen vor, dass ein typischer Straßenbaum dort gerade einmal auf eine durchschnittliche Lebenserwartung von 60 Jahren kommt. Zum anderen aber und das wiegt noch schwerer, weil sogar an den Stadträndern, wo die Böden frisch und die Temperaturen niedriger sind, die Bäume meist irgendwann irgendwem im Weg sind.

Wenn kleine Dörfer zu Stadtvierteln und Äcker und Wiesen zu Siedlungsland werden, wenn ganze Schienen- und Straßennetze aufgebaut, umgestaltet und erweitert werden, dann können auch bedeutende Bäume fallen. Noch 1978 wurde für einen Ausbau der Autobahn A 8 die Denkendorfer Ulme gefällt, eine völlig gesunde 300 Jahre alte Bergulme mit einem Stammumfang von knapp neun Metern. Naturschützer in ganz Deutschland waren entsetzt.

Von daher ist die Röth-Linde an der Nederlinger Straße im Münchner Stadtbezirk Moosach eine Besonderheit. Als die Winterlinde um das Jahr 1700 herum keimte, hatte München gerade einmal 24.000 Einwohner und der Weiler Nederling, in dem der Baum heranwuchs, bestand aus ganzen drei Höfen. Heute leben in München rund 1,5 Millionen Einwohner und allein im Stadtbezirk Moosach über 55.000 Menschen. Für die Röth-Linde drehte sich die Welt wahrscheinlich etwas schneller als für viele andere Baumveteranen.

Heute wird die mit 300 bis 350 Jahren älteste Münchnerin in Ehren gehalten. Krone und, schwere Äste sind aufwendig gesichert und was mindestens genauso wichtig ist: Der Kronenbereich ist nicht mit Sitzbänken oder gepflasterten Plätzen belastet, sondern befindet sich großteils in einer selten gemähten Naturwiese.

Namensgebend für die Röth-Linde war übrigens der 1841 geborene spätromantische Landschaftsmaler Philipp Röth. Viele seiner Bilder schuf er, während er unter dieser Linde saß. Wenn der Maler heute einen Platz zum Malen suchen würde, wäre die schöne Winterlinde wahrscheinlich nicht mehr seine erste Wahl: Im 21. Jahrhundert rollen über die dicht befahrene Nederlinger Straße doch recht viele Autos an der Linde vorbei.

BIOLOGISCHE HASSLIEBE

Ja, auch die Buche von Martinsried bei Planegg hat an ihrem fünf Meter Umfang messenden Stamm einige davon. Gemeint sind Pilze, genauer gesagt die auffallenden Fruchtkörper des Flachen Lackporlings, in einigen Metern Höhe.

Wie kommen Pilze an einen Baum? Irgendwann in den vergangenen Jahren sind mikroskopisch kleine Pilzsporen an ungeschütztes Holz der mächtigen Buche gelangt. Vielleicht durch einen Astabbruch, vielleicht auch nur dadurch, dass es an der Verwachsungsstelle zweier Teilstämme zu kleinen Dehnungsrissen gekommen ist. Wer weiß? Seit diesem Zeitpunkt jedenfalls breitet sich im Holzkörper der Buche das Fadengeflecht des Mycels, also des eigentlichen Pilzes, aus. Die einige Jahre nach der Infektion erstmals auftretenden mehrjährigen Fruchtkörper des Lackporlings sind nur der kleinste sichtbare Teil des Pilzes.

Pilze sind für intakte Waldböden unbedingt von Nöten und viele Baumarten gedeihen nur in der Lebensgemeinschaft mit bestimmten Pilzarten wirklich gut. In diesen Fällen gehen die feinen Haarwurzeln der Bäume mit den Fäden des Pilzgeflechts eine enge Verbindung zu beidseitigem Nutzen ein: Durch diese sogenannte Mykorrhiza können Bäume besser Wasser und Mineralstoffe aufnehmen, weil die Pilzfäden die Gesamtoberfläche der Feinwurzeln vervielfachen. Umgekehrt erhalten die Pilze über die Baumwurzeln Traubenzucker, hergestellt hoch oben in der Krone über die Fotosynthese. Eine Win-win-Situation für beide, die zum Beispiel erklärt, warum Fliegenpilze häufig unter Birken vorkommen.

Leider sind nicht alle Pilzarten derart nett zu den Bäumen: Sie sind im besten Fall lästig wie Fußpilz und im schlimmsten Fall lebensbedrohende Parasiten. Zersetzen sie nur abgestorbenes Kernholz eines Baums, wie das der Flache Lackporling an der schönen Buche macht, bedroht das den Baum nicht unmittelbar, aber kostet ihm langfristig Stabilität. Im schlimmsten Fall können manche Pilzarten einen befallenen Baum innerhalb weniger Jahre töten, weil sie dessen lebendes Wasserleitgewebe in der Rinde befallen. Der gefürchtete Hallimasch beispielsweise macht genau das.

Hallimaschbefall wird der schönen Buche zwar hoffentlich erspart bleiben, aber das in ihrem Inneren heranwachsende Pilzgeflecht des Flachen Lackporlings trägt dazu bei, den mächtigen Baum ganz allmählich auszuhöhlen. Bis der strukturell geschwächte Stamm auseinanderbricht, kann noch lange dauern, erst recht, weil die Buche viel Aufmerksamkeit erfährt. Vor Jahren wurde die Krone ganz leicht eingekürzt, um den Stamm zu entlasten, es wurden Seile zur Stabilisierung angebracht und einige bedrängende Jungfichten gefällt. Alles Maßnahmen, welche die Vitalität der Buche erhöhen und dafür sorgen, dass sich Pilz und Mensch noch viele Jahrzehnte lang an einer romantisch urigen Pilzbuche erfreuen.

BAUMSTADT MIT HERZ

1812 wurde am Lembachplatz in München der Alte Botanische Garten eröffnet. Verglichen mit den ältesten Botanischen Gärten Europas ist das nicht allzu lange her: Padua, Heidelberg und Paris besitzen ihre Botanischen Gärten seit 1545, 1597 und 1635. Der Botanische Garten von Padua befindet sich sogar seit der Gründung am selben Ort!

Auch die Größe der Einrichtung war nicht weltrekordverdächtig: 40.000 Quadratmeter Fläche nahmen sich im Vergleich zu den 43 Hektar des Botanischen Gartens in Berlin ebenso bescheiden aus wie in Relation zur Fläche von Kew Gardens in London: 132 Hektar.

Nach weniger als 100 Jahren empfand man den Botanischen Garten als zu klein und zu nah am Zentrum der rasch wachsenden Stadt. Der neue Botanische Garten in Nymphenburg wurde 1914 eröffnet und ist auch heute noch mit seiner Fläche von rund 21 Hektar eine der größeren Anlagen Deutschlands.

Schön, dass der ausgediente Alte Botanische Garten bleiben durfte und nicht zu wertvollem Bauland umgewandelt wurde. 1937 erfuhr das Areal die endgültige Umgestaltung zu einer Parkanlage. Obwohl keine Pflanzen aus dem 19. Jahrhundert mehr vorhanden sind, sind alte exotische Bäume auch heute noch maßgeblich für den Charme dieser grünen Oase verantwortlich. Besonders

beeindruckend finde ich einen riesigen, ursprünglich aus den USA stammenden Silberahorn. Sein Holz ist nicht wertvoll wie das unseres einheimischen Bergahorns, und im Frühling lässt sich auch kein Ahornsirup gewinnen wie aus dem Kanadischen Zuckerahorn. In Europa

entwickeln sich Silberahornbäume sehr gut und begnügen sich damit, einerseits im Alter brüchig zu werden und andererseits wunderbar malerisch auszusehen.

Im Alten Botanischen Garten gedeiht auch eine der prächtigsten und ältesten Metasequoien Deutschlands. Alt ist dabei relativ – Samen dieser Bäume trafen erstmals 1948 aus der chinesischen Provinz Hubei ein. Ab Anfang der 50er Jahre wurden die ersten Bäumchen in Deutschland gesetzt.

In weniger als 70 Jahren hat der chinesische Verwandte der kalifornischen Redwoods hier im 3. Münchner Stadtbezirk seine imposante Statur erreicht. Das verspricht uns einiges für die Zukunft, denn in China sind über 400 Jahre alte Metasequoien bekannt.

Warum gibt es daher nirgendwo über 70-jährige Metasequoien außerhalb Chinas? Ganz einfach: Lange kannte man die filigran benadelten Bäume nur aus Versteinerungen. „Metasequoien sind seit über fünf Millionen Jahren ausgestorben", lautete die anerkannte Lehrmeinung. Zumindest bis 1941 eine Expedition die sehr seltenen Bäume lebend in China entdeckte. Sogar mitten im Zweiten Weltkrieg galt das als eine wissenschaftliche Sensation, auch wenn die meisten Menschen gerade andere Probleme hatten. Ganze 5.700 Exemplare dieser urtümlichen Gewächse haben es in abgelegenen chinesischen Bergregionen bis in die Gegenwart geschafft.

Die Wissenschaft nennt heute den Metasequoiabaum voll Ehrfurcht ein „fossil that came to life".

Ich freue mich, dass Silberahorn und Metasequoia (und etliche andere sehenswerte Exoten) im Alten Botanischen Garten so gut gedeihen. Selbstverständlich ist das nicht, denn schon Anfang des 19. Jahrhunderts bemängelte man die magere Bodenqualität des Areals. Aber vielleicht liegt es ja daran, dass sich „Zuagroaste" in München einfach wohl fühlen – Menschen und Bäume.

SCHÖNHEITEN IM WEITEREN SINNE

Es ist kaum denkbar, besondere Bäume Münchens vorzustellen und dabei den Englischen Garten zu übergehen. Mit einer Fläche von 375 Hektar gehört er nicht nur zu den ausgedehntesten innerstädtischen Parkanlagen der Welt – größer als der New Yorker Central Park und der Stadtpark Wien zusammen –, sondern obendrein zu den ältesten öffentlich zugänglichen Parks in Europa.

Im engeren Sinne meint man mit dem Englischen Garten dessen weltbekannten Südteil mit tausendfach fotografiertem Monopterus, dem Chinesischen Turm und den aussterbenden FKKlern. Letztere enttäuschen im Gegensatz zu den Bauwerken im Park zunehmend die Touristen aus aller Welt. Denn die in deren Reiseführern vollmundig angekündigten Nackten an der Schwabinger Bucht und auf der Schönfeldwiese sind beinahe so selten geworden wie Luchse im Wald.

Der nördliche Teil der Grünanlage, also der Englische Garten im weiteren Sinne, vom Südteil abgetrennt durch den fast körperlich schmerzenden vierspurigen Isarring, ist wesentlich weniger bekannt. Dabei ist er deutlich größer und voll von wildromantischen waldartigen Perspektiven. Gerade dort gibt es viele Baumpersönlichkeiten zu entdecken.

Ich habe mich sehr gefreut, ganze Gruppen der seltenen Flatterulme anzutreffen. Seit 2017 auf der Roten Liste gefährdeter Arten, gehen in ganz Deutschland die Bestände dieser Baumart zurück. Das ist eigentlich verwunderlich, denn die Flatterulme ist gegen das Ulmensterben, jene in Wellen verlaufende Seuche, die Berg- und Feldulme seit knapp 100 Jahren an den Rand des Aussterbens bringt, vergleichsweise resistent. Bei ihr ist zunehmender „Verlust des Lebensraums“ als Hauptbedrohung identifiziert.

Flatterulmen sind Bäume der feuchten, naturbelassenen Auenwälder und vertragen es auch mal, mehrere Wochen im Wasser zu stehen. Als einzige einheimische Baumart bilden sie deshalb Brettwurzeln aus wie Tropenbäume. Da die malerischen Gewächse zudem hohe Ansprüche an die Bodenqualität stellen und ihr schönes Holz wenig Ertrag bringt, hatten sie nie Platz in unseren Hochleistungsforsten.

Hier, in der ruhigen Hirschau, wie dieser Teil des Englischen Gartens auch heißt, finden die Flatterulmen am Ufer der Isar Zuflucht und Zukunft. Sie können sie gebrauchen.

LIVE FAST, DIE YOUNG

Wer mein Buch über die Bäume Niederbayerns kennt, dem kommt diese Überschrift vielleicht bekannt vor. Ich stelle dort riesige Silberweiden im Landkreis Passau vor, die in kaum mehr als 100 Jahren zu gigantischen Bäumen herangewachsen sind und sich allmählich ihrer Altersgrenze nähern.

Im Zusammenhang mit der Eiche von Gollingkreut, immerhin eine der fünf dicksten Eichen Bayerns, mag diese Titelzeile überraschen, sind Eichen doch geradezu ein Synonym für legendäre Langlebigkeit. Erreicht eine Eiche dann noch einen Stammumfang von über neun Metern, wie diese hier, dann geht auch meine Fantasie schnell mit mir durch und serviert mir die romantische Vorstellung einer in vielen Jahrhunderten herangewachsenen 1.000-jährigen Eiche.

Dabei wachsen Eichen auf guten Böden recht zügig. Die Eiche von Gollingkreut ist in dieser Hinsicht gut dokumentiert:

2004 betrug ihr Stammumfang genau 9,07 Meter, gemessen in exakt einem Meter Höhe; im Jahre 2016 waren daraus schon 9,48 Meter geworden. Das ergibt eine durchschnittliche jährliche Zunahme des Umfangs von beachtlichen 3,4 Zentimetern. Nimmt man an, dass die Wuchsgeschwindigkeit dieser Eiche sich nicht wesentlich verändert hat, kommt man auf ein Alter von gerade einmal 280 Jahren. Berücksichtigt man noch, dass das Dickenwachstum in den ersten Lebensjahren sicher noch gebremst war, kann das Alter auch näher an die 300 Jahre herankommen. Ob die Rieseneiche zwischen Gollingkreut und Halsbach diese Marke im Jahre 2023 allerdings bereits erreicht hat, bezweifle ich dennoch.

Geht mit schnellem Wachstum auch ein schnelleres Lebensende einher? Weilen also raschwüchsige Eichen auf besten Böden und mit optimaler Wasserversorgung weniger lang unter uns als ihre Artgenossen, die sich auf kargen Böden behaupten müssen? Leider spricht vieles dafür, denn offenbar profitiert die Widerstandsfähigkeit des Holzes enorm vom langsamen Wachstum. Das musste auch die Eiche von Gollingkreut in der Nacht zum 20.9.2016 schmerzhaft erfahren: Während eines Sturms brach ein riesiger Kronenast mit einem Umfang von fünf Metern ab und kostete der Eiche fast die Hälfte ihrer Krone und leider viel von ihrer Schönheit. Der seitdem aufgerissene Stamm wird das Leben der Eiche nicht beenden, aber den Abbau des Kernholzes beschleunigen. Die jetzt rasch hohl werdende Stieleiche wird die Verletzungen wohl überleben. Stark gealtert und angeschlagen wirkt die Veteranin allemal. Die für das einmalige Naturdenkmal zuständigen Stellen sind alarmiert. Die verbleibende Krone wurde seitdem eingekürzt und die schweren Äste mit Stahlseilen – jedes einzelne mit einer Tragkraft von acht Tonnen – verspannt. Dennoch sehe ich die frei stehende und den Elementen voll ausgesetzte Eiche durch kommende Unwetter gefährdet.

Möglicherweise wird die Gollingkreuter Riesin also für eine Eiche jung sterben und ihren 350. Geburtstag nicht mehr feiern, aber selbst dann hat sie in ihrem kurzen Leben Revolutionen, Reichsgründungen und Weltkriege erlebt und wird mit ein wenig Glück die meisten von uns noch überleben.

Übrigens: Jugend schützt nicht vor Legendenbildung. Hin und wieder wird die Eiche auch Bluteiche genannt, weil angeblich im Mittelalter an diesem Baum Straftäter erhängt wurden. Historisch belegt ist keine einzige Hinrichtung an dieser Stelle, und das Mittelalter hat die Eiche genauso wenig erlebt wie ich.

Gruftkapelle

Lindenallee Antoni
48.741846, 11.074629

GLÜCKLICHE ALLEE

Gustav Klimt und Paul Cézanne haben gerne welche gemalt, in der Barockzeit waren sie essenzieller Bestandteil der Gartenplanung, und Napoleon ließ sie anlegen, um seinen marschierenden Soldaten Orientierung und Schatten zu geben: Alleen.

Eine Allee mit besonderer Präsenz ist die Lindenallee zu den drei Kapellen auf dem Antoniberg. Über 300 Jahre alt, gehört sie zu den ältesten Alleen Deutschlands und besteht aus nicht weniger als 64 charakterstarken Baumpersönlichkeiten. Damit das so bleibt, werden ausfallende Bäume regelmäßig nachgepflanzt. Mich freut es, dass die Verantwortlichen auch die kommenden Jahrzehnte und Jahrhunderte im Blick haben.

Leider ist das im 21. Jahrhundert bei Alleen immer noch nicht selbstverständlich. Vor allem dann nicht, wenn sie Straßen begleiten, die von Autos befahren werden. Dennoch die positiven Auswirkungen von Alleen auf Mikroklima und ökologische Vielfalt haben sich ebenso herumgesprochen wie ihr prägender Einfluss auf das Landschaftsbild. Auch die Einweihung der mittlerweile 2900 Kilometer langen „Deutschen Alleenstraße" 1993 ist ein Zeichen echter Wertschätzung.

Trotzdem machen nicht allein sommerliche Trockenheit und winterliches Tausalz den Baumalleen zu schaffen, sondern mehr noch Gesetze und Vorschriften wie die Verkehrssicherungspflicht. In der Theorie geht es bei dieser nur um das nachvollziehbare Anliegen, öffentlich zugänglichen Raum vor Gefahrenquellen zu schützen. Die Streu- und Räumpflicht vor dem eigenen Haus gehört dazu.

Schwierig wird es, bei Bäumen zu entscheiden, wo die Grenze zwischen zumutbarem Lebensrisiko und offensichtlicher Gefahr liegt. Denn auch gesunde Bäume können mal ohne jede Vorwarnung einen Ast abwerfen. Heute verfügen wir glücklicherweise über qualifizierte Baumsachverständige, die im Zweifelsfall Standsicherheit oder nötige Kronensicherungsmaßnahmen beurteilen können.

Gutachten ebenso wie kompetent ausgeführte Baumpflegemaßnahmen kosten Geld und Zeit und können im Falle des Falles nicht jedwede zivilrechtliche Auseinandersetzung verhindern. Hin und wieder sollen sich Autofahrer als ausgesprochen uneinsichtig zeigen, wenn schwere Äste auf parkende oder gar fahrende Wagen fallen.

All diese Probleme potenzieren sich bei Alleen mit reichem Baumbestand. Hinzu kommen komplizierte und sich zum Teil widersprechende Vorschriften, die zum Beispiel den Abstand von Nachpflanzungen in Alleen regeln. Muss ein Gehölz ersetzt werden, so soll der Ersatzbaum eine Distanz von 4,50 Metern zum Fahrbahnrand einhalten. Neue Alleen

dürfen je nach Regelwerk erst mit einem Abstand von 7,5 bis 12 Metern zur Fahrbahn angelegt werden! Von einer Alleenwirkung kann da kaum mehr die Rede sein, abgesehen davon, dass in den wenigsten Fällen der nötige Raum überhaupt vorhanden sein dürfte. Verständlich, dass Verantwortliche wenig Motivation verspüren, sich mit Alleepflanzungen im Vorgaben-Dschungel zu verirren, und dass auch künftig gesunde Alleebäume zu oft der Säge zum Opfer fallen werden.

Hier am Antoniberg herrscht weiterhin heile Alleenwelt – der Weg, den die mächtigen Linden beschatten, wird auch in Zukunft keine Autostraße, sondern bleibt ein schmaler jahrhundertealter Pfad hoch zu einem magischen Ort über der Donau.

Kapellenlinde Geisenhausen
48.548802, 11.600932

NATURVERBUNDEN EINGEBUNDEN

So nehme ich die Linde von Geisenhausen wahr. Die Winterlinde mit über neun Meter Umfang hat einiges erlebt in ihren mindestens 400 Lebensjahren. Ihre Krone beginnt tief, schon in drei Metern Höhe setzen zehn Starkäste an, ein mittlerer Hauptstamm des früher deutlich höheren Baums ist schon lange ausgebrochen und im hohlen Stamm hat es vor Jahren gebrannt.

Dennoch wirkt der Baum sehr vital und fügt sich ausgesprochen harmonisch in die alte Kulturlandschaft ein. Eingefasst von einem urigen Holzzaun in unmittelbarer Nachbarschaft einer knapp 100 Jahre alten Kapelle ist die Linde von den Hopfenfeldern der Holledau umgeben.

Seit über 1.000 Jahren wird in der Hallertau, wie die Region auch heißt, die Kletterpflanze Hopfen angebaut. Lange Zeit wurden die Hopfenpflanzen an Holzstangen gezogen, seit Anfang des 20. Jahrhunderts und bis heute an den uns so vertrauten Drahtgerüstsystemen. Die Ernte der Hopfenblüten war bis weit in die 60er-Jahre des vergangenen Jahrhunderts sehr arbeitsaufwendig: Bis zu 200.000 Saisonarbeiter, die Hopfenzupfer, arbeiteten in Spitzenjahren in der Region. Heute, wo fast alle Feldfrüchte einschließlich

Hopfen maschinell geerntet werden, ist kaum mehr vorstellbar, wie viele Menschen früher ihr Auskommen in der Landwirtschaft fanden. Nein, ich will die harte und oft auch gefährliche Arbeit auf den Feldern nicht romantisieren und die Armut, vor allem der Landarbeiter, nicht verharmlosen, aber ich glaube, dass sich unsere Ahnen bei der Feldarbeit in sehr unmittelbarer Weise als Teil der Schöpfung wahrnahmen. Für mich Ausdruck einer tiefen spirituellen Verbundenheit von Mensch, Natur und Landschaft.

Klingt das zu esoterisch? Mir kommen Worte meiner Oma in den Sinn. Sie war 1914 auf einem Bauernhof geboren und erzählte mir einmal, dass ihr Vater jeden Arbeitstag auf den Feldern mit den segnenden Worten „In Gottes Namen fahren wir wieder hinaus“ begann. Bei der Linde von Geisenhausen kann ich mir gut vorstellen, wie dort Generationen von Hopfenbauern und Hopfenzupfern kurz anhielten und sich bekreuzigten, ehe sie die Feldarbeit angingen.

Es passt zu Ort und Baum, dass immer noch am 15. August an der Linde ein uralter volkstümlicher Brauch der römisch-katholischen Kirche praktiziert wird: Bei der Kräuterweihe werden an Mariä Himmelfahrt Sträuße von Wildkräutern geweiht. Ein aus diesen „Kräuterbuschen“ zubereiteter Tee galt früher als besonders heilkräftig; einzelne getrocknete Kräuter des Straußes konnten auch dem Vieh ins Futter gemischt werden, um es gesund zu halten, oder sie wurden ins Herdfeuer geworfen, wenn bei schlimmen Gewittern Gefahr für Mensch und Tier drohte.

Ich verspüre tiefen Respekt vor Bräuchen wie diesen. Vielleicht muss man ja nicht immer bis zu den Kelten und Germanen zurückschauen, um magische Eingebundenheit in nährende Natur zu erkennen. Bei der Kapellenlinde von Geisenhausen spüre ich die Verbundenheit von Mensch und Kulturlandschaft auf eine stille und tiefe Weise, ohne dass dafür der Ort eine heidnische Kultstätte gewesen sein muss.

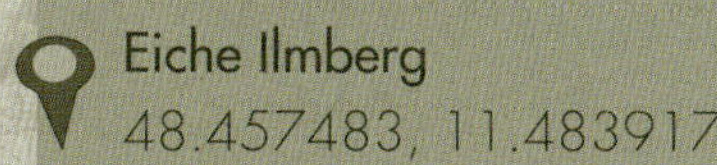

Eiche Ilmberg
48.457483, 11.483917

DEUTSCHE EICHE

Gerade wenn eine Eiche großkronig und kraftstrotzend vor einem steht, wie die Rieseneiche von Ilmberg, taucht hierzulande schnell die Assoziation von der „Deutschen Eiche" auf. Warum ist das eigentlich so? Nur am Eichenkult unserer germanischen Vorfahren kann es nicht liegen, denn diese verehrten beispielsweise die Linde kein bisschen weniger, ohne dass deshalb der Ausdruck die „ Deutsche Linde" Eingang in unseren Sprachgebrauch gefunden hätte.

Von „Deutschen Eichen" hingegen spricht man im übertragenen Sinn sogar dann, wenn es nicht einmal um Bäume geht, sondern um physisch beeindruckende Menschen. Wer kennt noch den über zwei Meter großen Schwergewichtsboxer und mehrmaligen Vizeeuropameister Timo Hoffmann – Kampfname „Deutsche Eiche"?

Besonders groß ist der Symbolgehalt bei den Eichenblättern. Mehr oder weniger stark stilisiertes Eichenlaub gehört in Deutschland mit größter Selbstverständlichkeit zu militärischen Orden, Rangabzeichen, Geldscheinen und Münzen.

Interessanterweise hat dieser ausgeprägte Hang zur Eichensymbolik erst relativ spät eingesetzt. Maßgeblich beteiligt daran war der 1804 verstorbene Dichter Friedrich Gottlieb Klopstock. Als glühender Verfechter des deutschen Nationalstaatsgedankens und leidenschaftlicher Verehrer der Französischen Revolution übertrug er in seinen Werken konsequent die der Eiche zugeordneten Eigenschaften Stärke und Freiheitsliebe auf die Deutschen. Der berühmte Dichter wollte damit seinen Zeitgenossen Mut zusprechen, Demokratie, Einigkeit und Freiheit in einem eigenen Staat anzugehen. Dessen Nationalallegorie, die Germania, ist selbstverständlich mit Eichenlaub gekrönt.

Im Laufe des 19. und mehr noch 20. Jahrhunderts wurde die Eichensymbolik allerdings in eine andere Richtung entwickelt und stand immer mehr für Siegesmut und Heldentum. Eine der höchsten militärischen Auszeichnungen im Zweiten Weltkrieg, das Ritterkreuz zum Eisernen Kreuz mit Eichenlaub, hatte mit Freiheit kaum mehr etwas zu tun. Und darin, dass im offiziellen Hoheitszeichen des Dritten Reichs der Reichsadler einen Eichenlaubkranz mit Hakenkreuz in seinen Fängen hält, kann man geradezu das Ende jeglicher Freiheitssymbolik sehen.

Ehrlich gesagt, finde ich, man hat den Eichen in den letzten 200 Jahren viel zu viel bedeutungsschwere Symbolik aufgebürdet. In der großen Eiche von Ilmberg sehe ich deshalb nicht die „Deutsche Eiche", sondern einfach einen wunderschönen, rund 350 Jahre alten monumentalen Baum mit einem Stammumfang von 7,50 Metern und einem gewaltigen Kronenumfang von über 100 Metern.

Bei meinem Besuch entfaltete sich an den Zweigen der alten Stieleiche gerade das Eichenlaub, frischer und zarter, als es je auf Münzen oder Emblemen wirken könnte.

Eiche von Ilmberg

Blutbuche Herreninsel
47.866833, 12.396633

BLUTBUCHE IN GRÜN

Auf der Herreninsel im Chiemsee, ganz nah am Chorherrenstift, wächst eine greise Blutbuche. Über 200 Lebensjahre haben an dem über sechs Meter Stammumfang messenden Baum Spuren hinterlassen.

Eine lichte Krone und große Pilze am Stamm zeigen, dass die riesige Buche viel von ihrer einstigen Vitalität eingebüßt hat und jetzt schnell altert. Seit 2016 umgibt eine Holzabsperrung den Baum, immer wieder brechen Äste ab und die Standsicherheit des Stammes beginnt zu schwinden. Das finde ich sehr schade, denn derart riesige Blutbuchen sind etwas Besonderes.

Zur Klärung des Namens Blutbuche: Jede Blutbuche ist auch eine Rotbuche, aber nicht jede Rotbuche ist eine Blutbuche. Die einheimische Rotbuche trägt ihren Namen ausschließlich wegen ihres rötlichen Holzes – ihre Blätter sind selbstverständlich normalerweise grün. Die Blutbuche ist eine mehr oder weniger dauerhaft rotblättrige Mutation der Rotbuche, die selten, aber doch immer wieder in Buchenwäldern vorkommt.

Die alte Blutbuche ist wahrlich nicht die einzige besondere Baumpersönlichkeit auf der Herreninsel: Mehrere Uraltlinden, ein gewaltiger Tulpenbaum und eben auch weitere Buchen lassen sich entdecken. Wer weiß, was sich noch alles auf einer Insel verbirgt, die weit mehr als ein überkandideltes Königsschloss zu bieten hat.

Diese erbliche Störung der Pigmentierung schadet den Blutbuchen übrigens keineswegs: Sie stehen in Größe und Lebenserwartung den grünblättrigen Buchen in nichts nach.

Im Mittelalter hat man das Auftreten von Blutbuchen allerdings argwöhnisch beobachtet und sie als geisterhafte Hinweise auf unschuldig vergossenes Blut gedeutet. Anfang des 18. Jahrhunderts änderte sich das gründlich: Blutbuchen waren als dekorative Elemente repräsentativer Parkanlagen nun gesucht.

Leider halten die meisten wild aufgehenden Blutbuchen ihre purpurrote Blattfarbe nicht lange und entwickeln im Laufe des Sommers eine etwas unattraktiv grünrote Blattfarbe. Das dämpfte die Begeisterung für Blutbuchen etwas – zumindest bis zum Jahre 1823. In diesem Jahr wurde im Thüringer Possenwald mit der besonders dunkel gefärbten und vor allem farbbeständigen „Mutterblutbuche“ ein Star am Himmel der buntblättrigen Großbäume bekannt. Man sagt, dass seitdem 99 Prozent aller Blutbuchen-Exemplare von diesem einen Baum bzw. seinen direkten Nachkommen, den „11 Schwestern“, abstammen. Und zwar weltweit! Auch diese hochbetagte Buche im Landkreis Rosenheim? Ehrlich gesagt bezweifle ich das. Die Purpurfärbung ist bereits im Hochsommer kaum mehr sichtbar und der Gedanke, dass diese alte Rotbuche nicht aus Thüringen stammt, sondern einstmals als Sämling in Bayern keimte, würde doch perfekt zur bayerischen Insel im bayerischen Meer und dem nicht weit entfernt liegenden Schloss des bayrischen Märchenkönigs Ludwig II. passen. Oder nicht?

WAHRHAFTIGE WALDESRARITÄT

Als solche kann man die Linde auf der Herreninsel mit Fug und Recht bezeichnen, steht sie doch stellvertretend für die wenigen alten Linden, die im Wald wachsen. Auch wenn es sich bei diesem Standort streng genommen eher um einen Wäldchenrand handelt.

Linden sind DIE Bäume der Kapellen und Alleen sowie der Dorfplätze und Kirchhöfe. Als Waldbaum hingegen ist die Linde richtig selten: In naturbelassenen Wäldern setzen sich auf fast auf allen halbwegs geeigneten Böden die konkurrenzstarken Rotbuchen gegenüber den Linden und den meisten anderen Baumarten durch.

Ohne frühere menschliche Eingriffe in die Waldzusammensetzung wären die raren Linden sogar noch viel rarer. Jahrhunderte lang haben unsere Vorfahren nämlich die Linde gegenüber der Buche im Forst gefördert. Dabei ging es gar nicht speziell um Linden, sondern es hat sich gezeigt, dass die historische Mittelwaldbewirtschaftung der Linde viel besser lag als der Buche.

Mittelwald bedeutet, dass nur wenige riesige Altbäume in großem Abstand dauerhaft stehen bleiben. Häufig waren dies Eichen wegen des wertvollen Holzes und der Eicheln für die Schweinemast, während alle anderen Bäume nach ca. 30 Jahren zur Brennholzernte auf den Stock gesetzt, also bis auf wenige Zentimeter über dem Erdreich abgesägt wurden. Linde, Esche oder auch Hainbuche treiben daraufhin kräftig aus und bilden mit ihren sogenannten Stockausschlägen neue Bäume. Diese sehen mit ihrer Vielstämmigkeit wie XXL-Sträucher aus, welche dann wieder 30 Jahre heranwachsen, bis sie erneut abgesägt werden. Dieses Spiel kann sich sehr oft wiederhohlen, da die oberirdischen Teile der Bäume quasi turnusmäßig verjüngt werden, so dass manche ihrer Wurzelstöcke ein Alter von mehreren Jahrhunderten erreichen können.

Rotbuchen mögen das gar nicht, bilden kaum Stockausschläge und erreichen im Mittelwald kein langes Leben.

Mit dem Übergang zur Hochwaldbewirtschaftung im 19. Jahrhundert verschwanden allmählich die lichten und artenreichen Mittelwälder. Lange gerade Stämme waren nun das Ziel, so dass massenhaft Fichten angepflanzt wurden und gleichzeitig die Rotbuchenbestände wieder stark zunahmen. Umso schöner finde ich, dass heute noch in unseren Wäldern einige versteckte alte Linden und Hainbuchengreise davon erzählen, dass Wald früher ganz anders aussah.

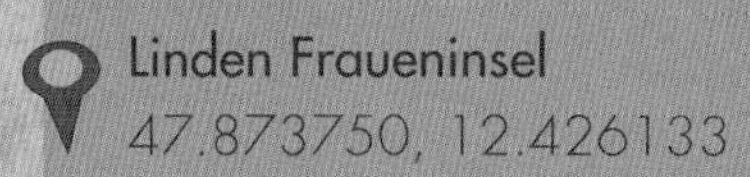

MARIA UND TASSILO

und nicht Maria und Josef sind die Namenspatrone der beiden berühmten Linden am höchsten Punkt der Fraueninsel im Chiemsee. Seit langer Zeit stehen nicht weit vom Benediktinerinnenkloster Frauenwörth zwei Linden einträglich nebeneinander.

Die Marienlinde, eine greise Winterlinde, ist mit gerade einmal 4,80 Metern Stammumfang klein im Vergleich zur fast zehn Meter Stammumfang messenden raumgreifenden Tassilolinde.

Wie die Bäume zu ihren bedeutungsvollen Namen gekommen sind, ist leicht zu erklären. Noch vor 100 Jahren schätzte man die heutige Tassilolinde als über 1.000-jährig ein – es war dann nur ein kleiner Schritt, sich auszumalen, dass der Baum bei der Klostergründung im Jahr 782 gepflanzt wurde und das womöglich noch vom Klostergründer Herzog Tassilo III. persönlich. Tatsächlich geht man heute davon aus, dass die ausladende Sommerlinde eher 350 bis 450 Jahre alt sein dürfte. Das gleiche Alter wird überraschenderweise der viel bescheidener auftretenden Marienlinde zugestanden. Am altersschwachen und knorrigen Stamm der urigen Linde befindet sich seit angeblich 200 Jahren ein verwittertes Marienbild. Das dürfte neben Spuren am Stamm auch den wohlklingenden Namen hinterlassen haben.

Die Frage, die mich bei diesen beiden Bäumen nicht loslässt, ist, warum sie überhaupt dort stehen. Die Insel ist klein, seit über 1.200 Jahren besiedelt und Siedlungsflächen sind knapp. Wie kommt es da, dass riesige Bäume jahrhundertelang potenzielle Bauplätze in Premiumlage besetzen dürfen? Waren sie dort nie einem Haus- oder Turmbau im Weg? Gerade auf Inseln wurden wichtige Beobachtungs- und Orientierungspunkte an herausragender Stelle errichtet.

Aber vielleicht war den Linden ja genau diese Aufgabe zugedacht: als weithin sichtbare Landmarken den Chiemseefischern und Wallfahrern in ihren Booten Orientierung zu geben. Denn damals wie heute war der Chiemsee nicht immer so harmlos, wie „das bayerische Meer" meist wirkt. So gerieten in einem plötzlichen Sommersturm 2011 fast 40 Boote auf dem See in Seenot und nur durch einen Großeinsatz mit Rettungsschiffen und Hubschraubern konnten alle Schiffbrüchigen gerettet werden. Wie durch ein Wunder kam kein Mensch ums Leben.

Ich mag die romantische Vorstellung, dass früher die majestätischen Lindenbäume orientierungslosen Schiffbrüchigen das Leben gerettet haben könnten. Vielleicht würden ohne Marien- und Tassilolinde noch viel mehr Menschen am Grunde des Chiemsees ruhen, denn der größte See Bayerns birgt nicht wenig Tote: Nach Polizeiangaben sollen die Leichen von 30 Vermissten im bis zu 73 Meter tiefen Chiemsee ruhen. Wohlgemerkt, dabei handelt es sich nur um die derzeit aktenkundigen Fälle, die Opfer aus über 1.200 Jahren Siedlungsgeschichte am See nicht eingerechnet. Mit diesen werden es viele Hundert sein – trotz Maria und Tassilo auf der Fraueninsel.

DIE ENTDECKUNGEN GEHEN WEITER,

denke ich mir immer wieder, wenn ich unterwegs bin, um Bäume zu fotografieren. Oft sind es Hinweise von lieben Menschen, die mich Baumpersönlichkeiten für meine Posts, Vorträge und Bücher finden lassen. Oder es sind meine eigenen Recherchen in engagiert gepflegten Internetdatenbanken und in mehr oder weniger alten Büchern, die mich an die entlegensten Orte führen.

Was mich aber immer wieder fasziniert, sind die Zufallsentdeckungen, die in unserer nur auf den ersten Blick so vollständig erfassten Natur möglich sind, besonders dann, wenn die entsprechenden Bäume auch noch selten sind. Wie die gewaltige Weideesche bei Flintsbach, die als Zufallsbegegnung bleibenden Eindruck hinterließ und schließlich den Weg in dieses Buch fand.

Ich war gerade unterwegs zu einer alten Wetterfichte, als ich aus den Augenwinkeln eine beeindruckende Baumsilhouette wahrnahm: Eine gewaltige Esche, großkronig und starkästig, spendete Weidetieren Schatten.

Große Eschen wie diese sind selten geworden, denn seit Jahren dezimiert eine neuartige Pilzerkrankung die Eschenbestände Mitteleuropas. Experten vermuten, dass der Pilz aus Ostasien eingeschleppt wurde. Sicher ist nur, dass die Krankheit 1992 erstmals in Polen, 2005 in Österreich und zwei Jahre später in Deutschland ausbrach. Die Seuche hat mittlerweile fast ganz Europa erreicht und bringt die majestätischen Bäume an den Rand des Aussterbens.

Leider zeigt auch dieser schöne Baum erste Krankheitsanzeichen: Seine Krone ist für Anfang Juli viel zu dünn belaubt und am Boden liegen gefallene Blätter mit den unheilvollen braunen Blattverfärbungen.

Besteht also keine Hoffnung für die Riesenesche? Eine Studie aus der Schweiz macht ein wenig Mut: Gerade sehr dicke Eschen halten demnach der Krankheit viele Jahre lang stand. Während jüngere Bäume innerhalb weniger Jahre absterben, nimmt die Infektion alter Bäume bisweilen einen chronischen Verlauf. Mehr noch: Einige wenige von ihnen scheinen die Infektion zu überleben und binnen 7 bis 10 Jahren vollständig auszuheilen, so die Forstwissenschaftler.

Ich hoffe inständig, dass diese Esche mit ihrem Stammumfang von rund fünf Metern zu diesen wenigen Glücklichen gehört. Nicht nur mich würde es freuen, sondern vor allem auch die schönen gescheckten Fleckviehrinder, die ruhig und mit leisem Kuhglockenbimmel unter ihrer Esche weiden.

MOOSGARTEN STATT BIERGARTEN

Die alte Biergartenlinde von Geisenbrunn ist eine einladende und beeindruckende Erscheinung. Um erst gar keine falschen Hoffnungen auf ein kühles Bier im Kronenschatten aufkommen zu lassen, ich nenne die schöne Linde nicht Biergartenlinde, weil sie in einem Biergarten STEHT, sondern weil sie in einem Biergarten STAND. Der existiert leider schon seit über 30 Jahren nicht mehr, und die urige Wirtschaft, zu der er einst gehörte, ist auch schon lange abgerissen. Ein großes Mehrfamilienhaus nimmt den Platz heute ein. Im weitläufigen Garten wirkt die Linde fast etwas verloren und scheint noch nicht ganz zu realisieren, dass es keinen Biergarten mehr gibt.

Nichtsdestotrotz hat sich die knapp acht Meter Umfang messende Sommerlinde ihre Gastfreundschaft bewahrt. Jetzt spendet sie statt Biertischen Moosen Schatten, die in ungewöhnlich großer Menge auf ihren Ästen, den Wülsten und in den Vertiefungen ihres knorrigen Stamms wachsen.

Üppiger Moosbewuchs ist übrigens für Bäume völlig harmlos. Dass Moose auf der Rinde, botanisch korrekter Borke, den Bäumen schaden könnten, indem sie ihnen Nährstoffe rauben, ist nichts weiter als ein sich hartnäckig haltendes Gerücht, das jeder wissenschaftlichen Grundlage entbehrt. Moose sind gar nicht in der Lage, den Bäumen etwas zu entziehen, denn sie haben keine Wurzeln, die sie in die Leitungsbahnen der Bäume treiben könnten – wie das die parasitischen Misteln durchaus machen. Moose halten sich mit zarten, sogenannten Rhizoiden lediglich am Baum fest. Wasser und Nährsalze nehmen die Pflänzchen direkt mit dem Regen über ihre feinen Blättchen auf.

Die Moosgärten, die im Laufe vieler Jahre vor allem an den Wetterseiten alter Baumstämme heranwachsen, sind ganz eigene Ökosysteme größter Vielfalt. Von den 985 Moosarten, die in Bayern vorkommen, leben zahlreiche auf Bäumen, dazu kommen 2.045 Arten Flechten und oft, wie auch im Falle dieser Linde, einige Farne.

So ist die ehemalige Biergartenlinde im Landkreis Starnberg auch ohne klingende Gläser selbst zu einem Gastgarten geworden, der seinesgleichen sucht.

ALLER RUHM IST VERGÄNGLICH

Die Drumlinbuche bei Landstetten ist ein ganz besonderer Baum. Weithin sichtbar auf einer Anhöhe, die sich sanft und dennoch überraschend steil erhebt. Und obwohl ich mich bei meinem Besuch einem ehemaligen Star des Bayerischen Fernsehens näherte, gingen meine Assoziationen eher in Richtung: ideale Filmkulisse für eine wild-romantische Jane-Austen- oder noch besser Bronte-Verfilmung. Ein einsamer, sturmumtoster alter Baum, den die Natur treffender platziert hat, als es je ein Kulissenbauer könnte.

Ist der Aufstieg geschafft, ändert sich der Eindruck und es gibt keinen Zweifel mehr, dass man sich in Oberbayern und nicht in den schottischen Highlands befindet. Denn nun ist der Blick frei auf die Alpen.

Es dauerte, bis ich begriff, wie eng die Buche mit den Alpen verbunden ist. Sie wächst auf einem sogenannten Drumlin. Das sind lang gezogene Hügel, die bei der Bewegung der eiszeitlichen Gletscher fast beiläufig aufgeworfen wurden. Die dafür nötigen Riesenkräfte kann man sich vielleicht vorstellen, wenn man bedenkt, dass vor 20.000 Jahren das Eis über dem heutigen Standort der Buche über einen Kilometer dick war und mit seiner gewaltigen Masse ebenso langsam wie unaufhaltsam von den Alpen Richtung Inland glitt. Ich bitte die geologisch bewanderte Leserschaft inständig um Verzeihung für diese stark vereinfachte Beschreibung der Drumlinbildung.

Die malerische und rund 180 Jahre alte Rotbuche krönt jedenfalls ein solches geologisches Eiszeitrelikt. Ein wunderschöner Baum auf einem wunderschönen Hügel vor einem wunderschönen Alpenpanorama – das ist sogar im landschaft-

lich reichen Oberbayern so besonders, dass die Drumlinbuche zum Jahreszeitenbaum der Sendung „Zwischen Spessart und Karwendel“ wurde.

Das ist längst Vergangenheit, denn einige schwere Astabbrüche haben das harmonische Kronenbild zerstört, welches dem Baum eine jahrelange Fernsehpräsenz bescherte. Für mich gewinnt die alternde und gezeichnete Buche so noch an Charakter.

Es ist nicht zu übersehen: Die Drumlinbuche wird nicht ewig da sein. Aber selbst wenn dieser Baum noch das 21. Jahrhundert bis zum Ende erleben sollte, wird die Buche, die bislang sechs Menschengenerationen gesehen hat, erdgeschichtlich nur ein Wimpernschlag gewesen sein. Genau wie die kilometerdicken Gletscher nur kurze Episoden waren. Nicht nur der Drumlin wird irgendwann einmal durch Niederschlag und Frost abgetragen sein, sondern sogar die Alpen. Auch wenn diese uns wahrscheinlich noch über 50 Millionen Jahre begleiten werden und momentan sogar noch einen Millimeter im Jahr wachsen, einst wird auch die Zugspitze zum sanften Mittelgebirgshügel geschliffen sein. Menschen und Buchen werden in dieser fernen und ganz anderen Welt nur noch Fossilien sein wie heute die Dinosaurier und ausgestorbenen Baumfarne.

KONTRASTLINDE

„Unter den Linden pflegen wir zu singen, trinken, tanzen und fröhlich sein. Nicht ernsten und streiten, denn die Linde ist uns ein Freude- und Friedensbaum.“ Bei diesen Worten von Martin Luther denke ich an Dorflinden, Musik und Feste unter alten Lindenbäumen.

Die sieben Meter Umfang messende Sommerlinde auf der Anhöhe in Söcking wirkt aber so ganz anders auf mich. Eher wie ein die Zeiten überdauerndes Baumheiligtum aus heidnischer Zeit. Umstanden nicht Linden die heiligen Plätze der Kelten? Tötete nach der Nibelungensage Siegfried den Drachen Fafnir nicht unter einer Linde? Und traf nicht Hagen von Tronjes Speer den Drachentöter ebenfalls unter einem Lindenbaum? Heinrich Heine schrieb 1839 von einer höchst unheimlichen Begegnung in einem nächtlichen Wald. Sein Gedicht beginnt mit den Worten:
„Das ist der alte Märchenwald!
Es duftet die Lindenblüte!
Der wunderbare Mondenglanz
Bezaubert mein Gemüte.“
Ich stelle mir vor, dass Lindenbäume wie diese alte Riesin den nächtlichen Märchenwald mit ihrem Duft erfüllten.

Das alles und noch so viel mehr verbinden wir seit Urzeiten mit den Lindenbäumen. Und heute? In der Gegenwart brauchen wir die Linden dringender denn je: Dabei denke ich weder an das Töten von Drachen, noch an Lindenblütenduft und Tee. Vielmehr kommt mir abermals ein Ausspruch Luthers in den Sinn: „Wenn wir Reiter sehen unter der Linden halten, wäre das ein Zeichen des Friedens.“
Ergänzung: Im Dezember 2021 wurde diese Linde stark eingekürzt und ihre Krone neu mit Seilen verspannt. Die Arbeiten wurden sehr sorgfältig ausgeführt, selbst die typische Eiform einer Lindenkrone wurde im Schnitt berücksichtigt. Dennoch bleibt bei mir ein leicht schaler Nachgeschmack: Diese ursprünglich sehr wild wirkende Linde mit ihren bis zum Boden reichenden Ästen und dem Ehrfurcht gebietenden Stamm macht auf mich jetzt einen domestizierten Eindruck und entspricht dem, was im 21. Jahrhundert von einem verkehrssicheren Baum im Siedlungsgebiet erwartet wird. Verständlich und schade zugleich.

MYSTERIUM AUF DEN ZWEITEN BLICK

Was ist dem wunderschönen Lindenensemble vor der Wallfahrtskirche St. Valentin nicht schon an mysteriösen Legenden angedichtet worden. Es heißt, es handle sich um eine germanische Thingstätte aus uralter Zeit. Unter Thing verstand man Versammlungen, speziell auch Gerichtsverhandlungen unter freiem Himmel nach germanischem Recht. Oft lagen diese Thingplätze leicht erhöht und fast immer unter Bäumen. Die vier steinernen Podeste, aus denen die Linden wachsen, scheinen gut zum Bild vom germanischen Versammlungsort zu passen. Oder handelt es sich um eine alte Hinrichtungsstätte? Die Anordnung der gemauerten Vorsprünge und ein mittelalterliches Steinkreuz mit eindeutig erkennbarem Beilsymbol sind schon so gedeutet worden.

Es ist wohl nichts von alldem wahr. Für eine Thingstätte gibt es keinerlei Belege und bei den steinernen Absätzen handelt es sich nach heutiger Deutung um Ruhebänke für müde Pilger. Bis ins 18. Jahrhundert ist eine beliebte Wallfahrt zu Ehren von Sankt Valentin belegt. Da verwundert es mich auch kaum mehr, dass das Axtsymbol auf dem Steinkreuz gar nichts mit Hinrichtungen zu tun hat. Vielmehr weist die eindeutig identifizierbare Holzaxt darauf hin, dass es sich bei dem Granitkreuz um ein Marterl, also einen Gedenkstein, für verunglückte Holzarbeiter handelt.

Büßt damit der wunderschöne Platz mit den drei Kapellenlinden all seine Mysterien ein? Nein, ganz und gar nicht. Ein rätselhaftes biologisches Wunder bleibt ihm: Die Linden sind alt, sehr alt – die Rede ist von rund 600 Jahren. Das kann stimmen, denn diese drei Linden wachsen langsam. Auf einem alten Foto des Baumfotografenpioniers Friedrich Stützer aus dem Jahr 1904 sehen sie fast so aus wie heute.

Moment mal… fast wie heute? Das trifft bei genauerer Betrachtung der 120 Jahre alten Fotografie nur auf zwei der drei Bäume zu. Tatsächlich ist die Linde, die am weitesten vom Eingang der Kirche entfernt ist (auf der alten Fotografie links am Bildrand zu sehen), deutlich umfangsstärker, als sie es heute ist. Nicht nur das, so liest man in Friedrich Stützers Buch „Die größten, ältesten oder sonst merkwürdigen Bäume Bayerns in Wort und Bild“, wie der Autor diese Linde beschreibt, auch scheint sie vor über 100 Jahren älter gewesen zu sein als heute: „Der vorderste der Bäume, ein altersschwaches Gewächs, bedarf allerdings schon der Stütze durch einen schiefgestellten Holzpfahl.“

Um jedes oberflächliche Missverständnis gleich auszuräumen: Nein, die Linde, um die es geht, ist keine Ersatzpflanzung für einen eingegangenen Vorgängerbaum und auch kein neuer Baum, welcher aus dem Wurzelstock einer zusammengebrochenen Altlinde gewachsen ist. Tatsächlich ist hier eine alte Linde in den vergangenen 120 Jahren nicht dicker, sondern dünner und augenscheinlich jünger geworden!

Was ist also geschehen? Linden verfügen über die faszinierende und geradezu mysteriöse Eigenschaft, ihre alternden Stämme zu erneuern und sich quasi zu verjüngen.

Werden Linden im Alter hohl, weil Pilze und Insekten immer mehr das Kernholz zersetzen, so bilden die Bäume oben in der Krone ansetzende und im Inneren des hohlen Stamms nach unten führende sogenannte Adventivwurzeln. Diese „Luftwurzeln" dienen – haben sie erstmal den Boden erreicht – einerseits der Stabilisierung und andererseits dem Recycling der im Mulm des zerfallenden Stammes vorhandenen Mineralstoffe. In seltenen Fällen kann das dazu führen, dass der ursprüngliche Stamm vollständig abstirbt und die Adventivwurzelstränge mit zunehmender Dicke zu einer Art neuem und entsprechend dünnem Stamm verschmelzen. Genau das ist hier geschehen – beim genauen Hinsehen sind diese verflochtenen Stränge noch zu erahnen und lassen für mich den schlanken Lindenstamm wie eine Art Hanfseil wirken, bei dem noch zu erkennen ist, wie es aus einzelnen Strängen zusammengedreht wurde.

Reicht das, um von einem Mysterium zu sprechen? Für mich jedenfalls ist dieser, sich wie ein Phönix aus dem eigenen Mulm erneuernde Baum, der über die Gabe verfügt, in jedem Jahrhundert anders auszusehen, ein größeres Mysterium als die Antwort auf die Frage, ob hier vor 2.000 Jahren die alten Germanen ihren Alltag juristisch geregelt haben oder nicht.

BÄUME UND IHRE GESCHICHTEN

Immer wieder fasziniert es mich, wenn alte Bäume etwas von dem mit mir teilen, was sie in ihrem langen Leben erlebt und erfahren haben.

Die Tandlmaier-Linde von Surberg macht genau das. Als ich das erste Mal vor ihrem 8,65 Meter Umfang messenden Stamm stand, konnte ich sofort sehen, wie stark die Linde von den Elementen gezeichnet war. Auf einer Tafel stand zu lesen, dass vor über 30 Jahren während eines Unwetters einer ihrer Hauptstämmlinge zerbrach. Meine Recherchen ergaben, dass der imposante Solitärbaum wenig später, 1997, durch Blitzeinschlag in Brand geriet. Da der hohle Stamm wie ein Kamin wirkte, schlugen nach Augenzeugenberichten die Flammen bald bis zum Wipfel hoch. Nur das schnelle und beherzte Eingreifen der Feuerwehr konnte die auf ein Alter von 600 Jahren geschätzte Sommerlinde retten.

Umso mehr staune ich, wie gut die Linde die schweren Schäden auswachsen konnte und wie groß Regenerationsfähigkeit und Überlebenswillen alter Lindenbäume sein können.

Übrigens ist die Tandlmaier-Linde größer, als sie auf Fotos wirkt. Das „kleine“ Holzkreuz am Stamm ist über vier Meter hoch und die Jesusfigur knapp zweieinhalb Meter. Seit 1922 wird das überdachte Kreuz von den Ästen der Linde beschirmt und hat eine eigene Geschichte zu berichten: Ehe es unter der Linde aufgestellt wurde, befand es sich an einer Kapelle im Wald, und es wird erzählt, dass es ein Bauer aufstellen ließ, weil er gesund aus dem Deutsch-Französischen Krieg 1871 heimkehrte. Zu beweisen ist das nicht mehr, und so verliert sich die Geschichte des Kreuzes an der Tandlmaier-Linde im 19. Jahrhundert.

Mittlere Eiche

GREISE GRAZIEN AM TEGERNSEE

Man verzeihe mir etwas Pathos: Ich muss bei den drei Alteichen bei Bernried an den Namen eines berühmten Gemäldes von Raffael denken.

Um 1504 malte der große Renaissance-Künstler das Meisterwerk „Die drei Grazien", auf dem die jugendlichen Göttinnen der Anmut zu sehen sind. Nahe stehen sie zusammen und bilden genau wie die drei Bäume eine Einheit. Dass der Anfang des 16. Jahrhunderts noch sehr junge Raffael lieber unbekleidete Göttinnen als alte Bäume malte, sei ihm großzügig verziehen.

Die drei Alteichen über dem Tegernsee sind alles andere als jugendlich, sie sind schwer gezeichnet von den Jahren, von Baumpilzen, holzzerstörenden Insekten und mehreren Blitzeinschlägen. Am Boden liegen gewaltige abgebrochene Äste, aber die Bäume strahlen noch diese respekteinflößende Unbeugsamkeit und Schönheit aus, wie sie greisen Eichen oft eigen ist. Erhaben und völlig frei wachsen die Stieleichen auf einer ehemaligen Waldweide. Das Gelände fällt stark genug ab, um von den Bäumen aus einen schönen Blick über den See zu haben.

Der beeindruckendste und bekannteste Baum des Trios ist die mittlere Eiche. Mit einem Stammumfang von acht Metern stellt sie ihre Schwestern ebenso klar in den Schatten, wie sie beim Erreichen dieser Größe von ihnen profitiert hat. Vor allem der höchstgelegenen Eiche ist es deutlich anzusehen, dass sie über die Jahre die unangenehme Rolle des Blitzableiters innehatte. Keine der Eichen wurde öfter vom Blitz getroffen.

Die starke Wirkung, die von den drei Baummonumenten ausgeht, hat stark mit dem hohen Totholzanteil der Kronen zu tun. Eichen werfen im Gegensatz zu den meisten anderen Bäumen abgestorbene Äste nicht ab. Das lässt sie urig erscheinen, manchmal auch hinfälliger wirken, als sie es sind, vor allem aber werden alte Eichen dadurch zu einem Hotspot der Artenvielfalt. 1.000 verschiedene Tierarten leben auf und mit dem Baum. Darunter allein 400 Schmetterlingsarten sowie Seltenheiten wie Hirschkäfer und Eremit. Letztgenannte benötigen von Pilzen zermürbtes Totholz, also Eichengreisinnen wie diese hier.

Welches Alter die drei Eichen am Tegernsee haben, ist nicht bekannt. Geschätzt werden sie auf rund 350 Jahre, aber fragt man bei Grazien wirklich, wie alt sie sind?

Mitlere und obere Eiche

Untere Eiche

Tassilolinde Wessobrunn
47.875933, 11.030233

OBERBAYERISCHE HEILMEISTERIN

Die Tassilolinde beim Kloster Wessobrunn ist mit ihrem Stammumfang von 14 Metern eine gewaltige Erscheinung und der dickste Baumveteran Oberbayerns. Selbstverständlich gehört die monumentale Linde damit auch zu den stärksten Bäumen Deutschlands. Obendrein ist sie eine Winterlinde, während es sich bei den meisten Riesenlinden um Sommerlinden handelt.

Für mich spielt keine Rolle, dass die Tassilolinde sicher nicht der Baum ist, unter dem der Legende nach Herzog Tassilo III. im 8. Jahrhundert einen zur Klostergründung führenden Traum gehabt haben soll. Ein Baumalter von nichtsdestotrotz beachtlichen 500 bis 800 Jahren macht dies leider unmöglich. Wir müssen also akzeptieren, dass Kloster Wessobrunn vor der Linde da war und nicht andersrum. Heute nehmen die meisten Historiker sogar an, dass das ursprüngliche Benediktinerkloster schon zu Tassilos Zeiten bestand, also eher noch älter ist als ursprünglich angenommen.

Hat die gewaltige Linde dann gar keinen direkten Bezug zum Kloster? Ganz im Gegenteil, ich kann mir gut vorstellen, dass irgendwann die Linde vor den Klostermauern von Mönchen gepflanzt wurde, weil sie sie als Bienenweide und Heilpflanze nutzen wollten. Als solche waren Lindenbäume sehr wertvoll.

Heute reduzieren wir die Heilkraft von Linden auf Lindenblütentee bei Erkältungen. Dabei kam diese Nutzung der Blüten erst im späten Mittelalter quasi als Bonus dazu. Die uralten Heilpflanzenschriften des Theophrast oder Galen beschäftigen sich hingegen ausführlich mit der Anwendung von Blättern, Wurzeln und Rinde der Lindenbäume. 1543 schreibt Leonhardt Fuchs in seinem berühmten Kräuterbuch: „Die Blätter vom Lindenbaum, grün mit Essig zerstoßen und übergelegt, heilen die Wunden… in Wein oder Wasser gesotten und getrunken, treiben sie den Harn und bringen den Frauen ihre Zeit.“ Aus der Volksmedizin war die Linde nicht wegzudenken.

Aktuell wissen wir, dass etwa 60 potenziell wirksame Inhaltsstoffe in Lindenblüten und -blättern vorhanden sind. Deren Zusammenspiel ist bisher weitgehend unbekannt und die Pharmakologen sind sich weiterhin nicht einmal einig, auf welcher Wirkstoffkombination die schweißtreibende Wirkung des Lindenblütentees genau beruht.

Möglicherweise wundert sich die Tassilolinde darüber, wie lange schon keine kräuterkundigen Mönche mehr bei ihr waren, um Blätter für Tinkturen zu sammeln. Könnte der alte Baum sprechen, dann würde er vielleicht sogar astschüttelnd bemerken: „Diese Menschen sind schon eine komische Spezies! Zuerst entlocken sie uns in Jahrtausenden viele unserer Geheimnisse und dann vergessen sie sie einfach wieder.“ Es gibt noch viel (wieder-)zuentdecken über die Heilkraft von Linden.

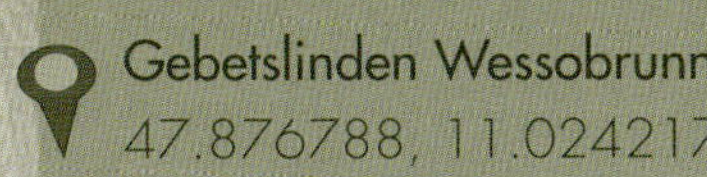

BAUMCHRONIK

Gedenkbäume, die einst zur Erinnerung an besondere Ereignisse gepflanzt wurden, berühren mich auf eine ganz eigene Weise. Besonders dann, wenn ich gleich mehrere an einer Stelle finde wie die drei Gebetslinden von Wessobrunn. Da ist einmal die fast schon jugendliche Friedenslinde von 1871. Ihr Name ist eigentlich blanker Hohn, denn damals hatte Deutschland gerade den Deutsch-Französischen Krieg gewonnen, strotzte vor Selbstbewusstsein und demütigte Frankreich mit der Proklamation des Deutschen Reichs im Spiegelsaal von Versailles aufs Stärkste. Die zahlreichen im nationalen Freudentaumel gepflanzten „Friedenslinden" und „Friedenseichen" markieren eher einen verhängnisvollen Schritt hin zu den katastrophalen Weltkriegen des 20. Jahrhunderts, als dass sie für Frieden stünden. Weitaus versöhnlicher stimmt da ihre 1796 gepflanzte ältere Schwester, die Befreiungslinde. Die beeindruckende Linde erinnert übrigens keineswegs an die Befreiung vom Joch einer Tyrannei oder an das Ende einer militärischen Besetzung, wie man denken könnte, sondern höchst geerdet an die in diesem Jahr beschlossene Befreiung vom Schulgeld. Der dritten, ältesten und mit knapp sechs Meter Stammumfang größten im Bunde wird nachgesagt, sie sei ein Gedenkbaum zum Ende des Dreißigjährigen Krieges, der nach unvorstellbarem Grauen 1648 schließlich endete. Seit 1875 wird diese Linde jedenfalls als Gebetslinde bezeichnet, weil in diesem Jahr eine Steintafel mit dem Wessobrunner Gebet unter ihr aufgestellt wurde. Die einzige Abschrift dieses ältesten überlieferten Gebets in althochdeutscher Sprache wurde im nahen Kloster Wessobrunn gefunden.

So verschieden die Zeiten auch waren, in denen die drei Sommerlinden gepflanzt wurden, eines eint die Altlinden: Das Pflanzen eines Gedenkbaums war sicher stets ein gesellschaftliches Ereignis. Ich stelle mir vor, wie hier Menschen am Festtag zusammenkamen, wie vielleicht der Lehrer mit seiner Schulklasse den Baum setzte, wie Musik gespielt, Ansprachen gehalten und wie gefeiert wurde. Vielleicht machten einige Kinder ihre Späße miteinander und zogen den Unmut der wichtigen Honoratioren und den Zorn von Lehrer und Pfarrer auf sich? Oder setzte einmal plötzlicher Regen ein und beendete vorzeitig die Festlichkeiten? Vielleicht verliefen auch bei allen drei Bäumen die Feierlichkeiten ganz wie geplant.

Immer waren es Menschen, die hier 1648, 1796, 1871 und 1875 zusammenkamen, die planten, organisierten und schließlich pflanzten. Mit all dem, was sie gerade an Sorgen, Ängsten, Freuden und Hoffnungen an jenem fernen Tag beschäftigte. Keiner von ihnen ist mehr da, aber ihre Linden sind längst groß und alt geworden und für mich allesamt wahre Gedenkbäume. Vielleicht nicht in erster Linie für die Ereignisse, an die sie erinnern sollen, sondern noch eher für die Menschen, die sie einst pflanzten.

Rechts im Bild der Gedenkstein mit dem Wessobrunner Gebet, in der Bildmitte die Gebetslinde und im Hintergrund die Befreiungslinde.

EIBEN-FASZINATION

Ich gebe zu, Eiben faszinieren mich. Dabei werden die Bäume weder besonders hoch – die höchsten Eiben erreichen nicht einmal annähernd die halbe Höhe einer ausgewachsenen Weißtanne, noch wachsen sie zu weltrekordverdächtig dicken Exemplaren heran. Zudem wirken Eibenkronen im Alter oft recht düster, zerrupft und unharmonisch.

Was ist es also, was vor allem alte Eiben für mich so besonders macht? Liegt es an ihrer legendären Giftigkeit oder am wertvollen Holz? Beides sind Eigenschaften, die in Mitteleuropa fast zu ihrer Ausrottung führten. Für mich persönlich sicher nicht die Ursache meiner Eiben-Begeisterung: Weder ziehe ich äsend wie ein Reh durch den Wald, noch baue ich mittelalterliche Langbögen nach.

Eher könnte es die fast mythische Langlebigkeit der Eibe sein, bis zu 2.000 Jahre sind eine Ansage, obwohl gerade Eiben nicht selten überschätzt werden.

Vielleicht ist es ohnehin nicht möglich, die Faszination für eine Baumart rational zu erklären, die so tief in unserer Mythologie verankert ist. Sowohl Kelten als auch Germanen sahen in der Eibe die Verbindung zur Ewigkeit. Bei den Römern bewachten Eiben den Zugang zur Unterwelt. Das flößt mir Respekt ein und macht alte Eiben nicht nur ein wenig unheimlich, sondern vor allem ungeheuer faszinierend.

Umso mehr trifft das zu, wenn ich nicht nur einer einzelnen Alteibe begegne, sondern einem ganzen Eibenwald wie dem berühmten Paterzeller Eibenwald. Allerdings ist das Wort Eibenwald etwas irreführend: 55 Prozent Fichte, 23 Prozent Buche, 12 Prozent Bergahorn, **5 Prozent Eibe**, 2 Prozent Esche und ebenfalls 2 Prozent Schwarzerle ergab eine Inventur des Baumbestandes.

Es handelt sich also streng genommen um einen Mischwald mit einem gewissen Eibenanteil. Mehr kann man auch nicht erwarten, denn die Eibe kommt nie in Reinbeständen vor, sondern ist stets nur als seltene Schattenbaumart den Wäldern beigemischt. So betrachtet sind rund 2.300 alte Eiben auf 88 Hektar Naturschutzfläche dann doch wieder viel.

Etliche der Paterzeller Eiben werden auf ein Alter von bis zu 1.000 Jahren geschätzt; und es ist ein Wunder, dass gerade im alten Waldbesitz des Klosters Wessobrunn so viele Alteiben den mittelalterlichen Raubbau überlebten. Waren die Bäume schon damals zu verwachsen, um sie zu nutzen? Vieles spricht dafür, dass jahrhundertelang die schlanken und geraden Stämme herausgeschlagen wurden und die knorrigen Greise einfach stehen blieben. Auch die kalkhaltigen, zur Vernässung neigenden Böden dürften eine Rolle gespielt haben. Buche und erst recht die Eiche haben es dort schwerer als die giftige Eibe. Als Waldweide war die Fläche damit uninteressant.

Während sich im Laufe der Zeit die meisten Wälder zu mehr oder weniger intensiv bewirtschafteten Forsten entwickelten, wurde dieser leicht sumpfige Wald mit seinen Ureiben von Zeit und Forstwirtschaft vergessen. Anfang des 20. Jahrhunderts entdeckte der naturbegeisterte Arzt und Hobby-Botaniker Fritz Kollmann die immense Bedeutung dieses einmaligen Eibenbestands und setzte sich vehement für dessen Schutz ein. Da sich die Forstbehörden als wenig kooperativ erwiesen, bedurfte es der Fürsprache von Königin Marie Therese,

um 1913 den Paterzeller Eibenwald als „staatliches Naturdenkmal" auszuweisen.

110 Jahre sind seitdem vergangen und der Eibenwald ist zu einer gut besuchten Attraktion geworden, mit allen Vor- und Nachteilen, die das mit sich bringt: Auf der einen Seite wurde 1995 ein schöner Eibeninformationspfad angelegt und Informationstafeln wurden aufgestellt, auf der anderen Seite fiel die umfangsstärkste Eibe 1997 einem Brandanschlag zum Opfer.

Bei meinen beiden Besuchen, das erste Mal an einem Herbstnachmittag kurz vor Sonnenuntergang und dann noch einmal an einem bewölkten Tag im Januar, waren kaum Besucher da, meist war ich also allein mit den dunklen Eiben und ihrer geheimnisvollen Aura. Und wer die einmal wahrgenommen und gespürt hat, der wird immer wieder in den Paterzeller Eibenwald zurückkehren, davon bin ich überzeugt. Ich werde auf jeden Fall wiederkommen.

DANKSAGUNG

Ohne Rang- und Reihenfolge …
… möchte ich all denen Danke sagen, die am Gelingen dieses Buches Anteil hatten. Danke für die vielen inspirierenden Begegnungen, die ich während der Arbeit am Buch haben durfte.
Danke an Uwe Kühn vom Deutschen Baumarchiv für die inspirierenden Hinweise. Danke auch an den Eichenprofi Rainer Lippert, der stets Antwort weiß, wenn es um den Standort besonderer Eichen geht, und der

mit seinem Internetauftritt „Monumentale Eichen von Rainer Lippert“ sein Wissen allen Interessierten zur Verfügung stellt.
Mein ganz besonderer Dank gilt wieder Dir, lieber – Christian Wolf, für Dein großzügig geteiltes Wissen und dafür, dass Du vom Unterstützenden längst zum Freund wurdest.
Danke, liebe Lea Simone Bogner, für unsere unvergesslichen Foto-Touren, für Deinen besonderen Blick durch den Sucher der Kamera und nicht zuletzt für Dein glasklares, wertvolles Feedback beim Entwickeln der Geschichten.
Und danke an das grandiose Team vom Battenberg Gietl Verlag. Ihr habt dieses Buch nicht nur ermöglicht, sondern mit Herzblut begleitet.

Kapellenlinden von St. Andrä im Landkreis Weilheim Schongau.
47.791820, 11.174357

BÜCHER VON JÜRGEN SCHULLER

Jürgen Schuller, Jahrgang 1968, hat Biologie studiert und unterrichtet heute am Gymnasium. Seit 2018 begeistert er mit seinen „Baumgeschichten" bei Vorträgen, in den sozialen Medien sowie auch in Fernsehen und Rundfunk. 2020 erschien sein Erstlingswerk „Faszinierende Bäume in der Oberpfalz" – ein großer Erfolg! 2022 schickt er direkt sein zweites Buch, „Faszinierende Bäume in Niederbayern", nach. Mit seinem Oberbayern-Buch geht der Baumexperte nun in die dritte Runde.

Jürgen Schuller
Faszinierende Bäume in der Oberpfalz
Baumgeschichte(n) · Biologie · Mythologie
Überarbeitete und erweiterte 2. Auflage 2022, 176 Seiten,
Format 21 x 28 cm, durchgehend farbig, Hardcover
ISBN 978-3-95587-094-2 · Preis: 29,90 €

Wissen Sie, mit welch ausgeklügelten Strategien Eichen und Linden gegen die Gebrechen des Alters kämpfen? Oder warum ein scheinbar harmloser, kleiner Pilz aus Südostasien den Germanen große Angst gemacht hätte? Wieso verdanken wir eigentlich dem französischen König Ludwig XIV. die älteste Eichenallee Nordbayerns? In der Oberpfalz gibt es ganz besondere Baumpersönlichkeiten. In der erweiterten Neuauflage sind noch einige charakterstarke Baumriesen dazukommen, wie die elegante Eiche mit dem wohlklingend falschen Namen oder der Brotbaum mit den sechs Gipfeln. Im Buch stellt sie der Autor Ihnen in eindrucksvollen Fotografien vor und Sie erfahren Wissenswertes aus Biologie, Geschichte und Mythologie … und das auf höchst unterhaltsame Weise!

Jürgen Schuller
Faszinierende Bäume in Niederbayern
Baumgeschichte(n) · Biologie · Mythologie
1. Auflage 2022, 168 Seiten, Format 21 x 28 cm, durchgehend farbig, Hardcover
ISBN 978-3-95587-792-7 · Preis: 29,90 €

Wissen Sie, dass die berühmte niederbayerische Hungereiche eine Linde ist? Oder dass ein einziger Baum im Landkreis Landshut im Laufe seines Lebens schon so viel Honig geliefert hat, dass der Gläserstapel höher als die Zugspitze wäre? Überrascht es Sie, dass Robin Hood die Wälder an der Befreiungshalle wohl besser gefallen hätten als sein Sherwood Forest? In Niederbayern gibt es ganz besondere Baumpersönlichkeiten – in diesem Buch in beeindruckenden Bildern festgehalten. Sie erfahren Wissenswertes aus Biologie, Geschichte und Mythologie – unter anderem, dass sich eine der höchsten Eiben Europas in Niederbayern versteckt, dass Weiden sich zu Tode wachsen und dass dafür bei Eichen und Linden die Totgesagten länger leben.

Battenberg Gietl Verlag GmbH
Pfälzer Straße 11 · 93128 Regenstauf
Tel. 0 94 02 / 93 37-0
E-Mail: info@battenberg-gietl.de